启真馆 出品

# 将「芯」比心：「机」智过人了吗？

周昌乐 著

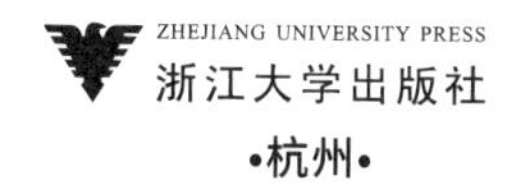


·杭州·

**图书在版编目（CIP）数据**

将“芯”比心：“机”智过人了吗？/ 周昌乐著
. — 杭州：浙江大学出版社，2024.4
（启真·科学）
ISBN 978-7-308-24724-5

Ⅰ. ①将… Ⅱ. ①周… Ⅲ. ①人工智能—普及读物
Ⅳ. ① TP18-49

中国国家版本馆 CIP 数据核字（2024）第 048018 号

**将“芯”比心：“机”智过人了吗？**
周昌乐 著

**责任编辑** 伏健强
**责任校对** 汪淑芳
**装帧设计** 祁晓茵
**出版发行** 浙江大学出版社
（杭州市天目山路 148 号 邮政编码 310007）
（网址：http：// www.zjupress.com）
**排　　版** 北京楠竹文化发展有限公司
**印　　刷** 北京中科印刷有限公司
**开　　本** 880mm × 1230mm 1/32
**印　　张** 9
**字　　数** 198 千
**版 印 次** 2024 年 4 月第 1 版 2024 年 12 月第 2 次印刷
**书　　号** ISBN 978-7-308-24724-5
**定　　价** 65.00 元



浙江大学出版社市场运营中心联系方式：（0571）88925591；http：//zjdxcbs.tmall.com

献给智能社会新时代

# 题　记

夫天下险能生妙，非天下妙能生险也；险故妙，险绝故妙绝；不险不能妙，不险绝不能妙绝也。游山亦犹是矣。不梯而上，不缒而下，未见其能穷山川之窈窕，洞壑又隐秘也。

（清）金圣叹

# 目 录

# 序　曲

这部读物的书名取为《将“芯”比心：“机”智过人了吗？》，虽然运用了两个词的谐音，但要表达的主旨还是非常明确的。在这部读物中，我们就是拿“人心”与“机芯”进行比较，看看到底哪个厉害。这里“人心”指的是我们人类共同拥有的心理能力，估计对其界定争议不会太大。问题是对“机芯”的界定也必须明确，然后才能比较。

在我们这部读物中，“机芯”（机器芯片）用来代表计算机器，界定为基于图灵机原理运行的任何计算装置。为了对此类计算装置的能力有一个比较全面的了解，我们先来介绍一下这些计算装置的发展历程，作为我们讨论的序曲。

还是在两千多年前的古希腊，当时人们出于对测量行星位置（占星术)的需要，运用齿轮传动装置，制造了一种行星计算器。当然，这还算不上是真正意义上的计算机器，因为它既不为模拟思维而发明，又不能进行数字计算。人类有意识地构造计算机器的活动，要比这晚得多。

据目前掌握的资料，最早具有这种愿望的尝试，可以追溯到13世纪中叶。当时，西班牙修道士卢禄(R. Lull)在其编写的《大艺术》中，构想了一种思维机器。卢禄试图用概念组合的方法来代替思维，从而使思维成为一种计算。为此，卢禄还专门设计了一个由六个同心圆盘构成的运动机械装置，用以检验给定研究场合所有可能元素组合的逻辑规则。

虽然卢禄本人并没有制造出具体可供使用的思维机器，但这种构想却大大启发了后来的科学家们。因此卢禄的构想无疑为后来的思维(计算)机器发明开了先河。比如，人们所熟悉的大画家达•芬奇(L. da Vinci)，其实是一位名副其实的工程师。在他的手稿中，人们就发现了有关机械式计算工具的设计方案。

到了1623年，德国科学家席卡德(W. Schickard)为天文学家开普勒(Kepler)制作了一台机械式计算机。这台计算机器由加法器、乘法器和记录中间结果的机构等三部分组成。加减运算分别由带有十个齿的齿轮与相应的传动装置来进行。乘法要用到绕在转轴上的乘法表。除法则化解成重复加减。进位机构则是由连接轴上只有一个齿的辅助齿轮来实现。遗憾的是，这一模型还没有来得及建造完毕，就毁于一场大火。

也许是机缘巧合，就在席卡德的计算机被大火烧毁的这一年，法国数学家帕斯卡（B. Pascal）诞生了。在1642年刚满二十岁的那一年，天才的帕斯卡终于制造出了能够进行加法运算的加法机。如图序.1所示，可以说帕斯卡的加法机是世界上最早的计算机器。当然，这种机器也由机械齿轮系统组成。

加法机的计算操作由三个步骤完成：（1）拨动齿轮输入第一个数；（2）拨动齿轮输入第二个数；（3）操纵加法装置即可得到两数之和。目前，在法国巴黎博物馆里还保存着帕斯卡当年制造的加法机。著名的程序设计语言Pascal，就是为了纪念法国数学家帕斯卡而命名的。

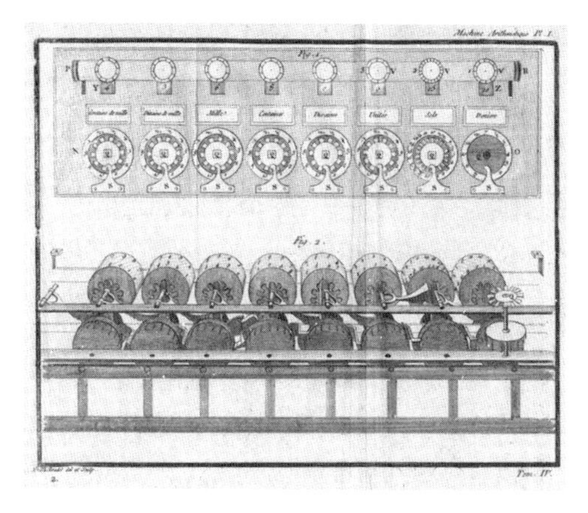

图序.1　法国数学家帕斯卡制造的加法机

在帕斯卡制造的加法机中，是用一个个齿轮表示数字。这样利用齿轮啮合装置，低位的齿轮每转十圈，高位的齿轮就转一圈，从而实现进位。加法机上面有一排窗口，透过窗口可以看到算出的答案。对应于每个数字轮，都配有一个拨盘（与目前的电话拨盘相似）。在进行加法运算时，每个拨盘都先拨“0”，让每个窗口都显示“0”。然后先拨被加数，再拨加数，窗口就显示出和数。在进行减法运算时，先要把加法机上面的金属直尺往前推，盖住原先的那一排窗口，并露出其下面的窗口。接着先拨被减数，再拨减数，差值就会自动显示在窗口上。应该说，帕斯卡的加法机虽然比较简单，但实际上包含了后来广泛使用的手摇计算机的基本原理。

大约在 1671 年，德国数学家莱布尼茨（G.W. Leibniz）进一步发展了帕斯卡的构想，通过发明一种梯形齿轮，圆了席卡德当年被一场大火烧掉的梦想。也就是说，莱布尼茨终于实现了一次操作即可直接完成乘除运算，从而制造出了可以做四则运算的计算机器。莱布尼茨不仅是一位杰出的数学家、哲学家、思想家，也是数理逻辑的奠基人。在人类计算机科学事业发展历程中，莱布尼茨对推进计算机器的构造做出了重要贡献。更值得一提的是，莱布尼茨受到《易经》启发还发明了二进制，对计算机器的数字化表示做出了决定性的贡献。

自此以后，许多科学家在计算机器建造方面做了大量改进工作。特别是经过 L. H. 托马斯、W. 奥德尔等人的改进后，多种手摇台式计算机被生产出来，并很快风行西方世界。由于这些早期生产的计算机器采用的是机械装置，所以后世也称这类计算机器为机械式计算机。有趣的是，时至今日，还有科学家孜孜不倦地制造这种机械式计算机[1]。

到了 19 世纪初，法国工程师 J. M. 雅卡尔发明了控制纺织机的穿孔卡片。英国数学家巴贝奇（C. Babbage）深受启发，提出了一种带有程序控制的全自动计算机器的设计思想（采用十进制）。后来经过不懈努力，巴贝奇于 1822 年建造了第一台样机，如图序 .2 所示。当时将其取名为“差分机”，可以进行差分运算，或计算多项式数值表。

图序.2 巴贝奇建造的差分机

这种计算机器虽然依旧采用机械装置构造，但由于其运算可以通过事先编制的程序（通过穿孔卡片）来控制，因此计算过程是全自动的。巴贝奇的学生洛夫莱斯（Ada Lovelace）专门为这台差分机编制了第一个程序，洛夫莱斯也因此成为世界上第一位程序员。不仅如此，洛夫莱斯还第一次尝试开展机器作曲的研究，因而她也称得上是人工智能研究的先驱。美国国防部开发的一种高级程序设计语言Ada，就是以她的名字命名的。

巴贝奇后来致力于改进“差分机”，并于1834年设计了一种“分析机”的蓝图。巴贝奇设计的分析机由寄存器、运算器、控制器以及输入输出设备构成，已经具备现代计算机体系的基本结构。分析机的运算过程采用程序控制方式实现，其中，程序还可以含有条件转移这样很高级的指令。遗憾的是，由于当时技术上的限制，分析机最终未能造出样机。但由于巴贝奇对计算机器无与伦比的贡献，被后人誉为

“现代计算机之父”。人们将永远记住和怀念这位天才的计算机事业的先驱!

巴贝奇之后的一百年间，又有不少科学家为计算机器的不断完善做出了贡献。与此同时，科学家们也开始思考有关计算的数学理论问题。1931 年奥地利数学家哥德尔（K. Gödel）给出了递归函数论，1936 年英国数学家图灵（A.M. Turing）提出了图灵机理论，1936 年波兰数学家波斯特（E. L. Post）给出了 Post 机理论。所有这些理论模型，都为一切计算机器的运算法则奠定了权威性的理论基础。需要强调的是，在计算能力上所有这些计算理论模型都是等价的。不同计算理论模型的差异主要是适用场景有所不同。

到了 1938 年，28 岁的楚泽（Konrad Zuse）首次采用二进制，完成了一台数字化可编程计算机 Z-1 型的设计。次年楚泽采用继电器组装了 Z-2 型计算机。到了 1941 年，楚泽进一步采用继电器作为元件，制造出了世界上第一台电磁式计算机 Z-3 型。楚泽于 1945 年进一步完善建造了 Z-4 计算机，终于实现了巴贝奇“分析机”的理想。楚泽也因此被称为“数字计算机之父”。他还于 1949 年建立了“楚泽计算机公司”（这是世界上第一家计算机公司），继续开发更先进的机电式程序控制计算机。

接着便是连台好戏。在真空电子管发明的基础上，1943 年英国皇家空军为了破译德军密码，掌握战场主动权，组织包括图灵在内的一大批科学家，成功研制了世界上第一批电子计算机。这种被命名为“巨人”（COLOSSUS）的计算机共生产了十台，战争结束后即被全部秘密销毁，因此长期以来一直鲜为人知。

紧接着“巨人”机诞生，1946年2月，美国宾夕法尼亚大学也成功研制出了享誉全球的“ENIAC”（电子数字积分计算机），如图序.3所示。它被误认为世界上第一台数字电子计算机。

图序.3 电子数字积分计算机（“ENIAC”）

这项工程首先源自莫尔学院的两位青年学者——36岁的物理学家约翰•莫奇利（John Mauchly）和他的学生，24岁的电气工程师布雷斯帕•埃克特（Presper Eckert）。他们向所在系的系主任戈德斯坦教授提交了一份研制电子计算机的设计方案——“高速电子管计算装置的使用”。1944年夏天的一天，在阿伯丁火车站，戈德斯坦邂逅了数学家约翰•冯•诺依曼（John von Neumann）。于是戈德斯坦向冯•诺依曼介绍了正在研制的电子计算机，冯•诺依曼听后很感兴趣。几天之后，冯•诺依曼就专程到莫尔学院参观还未完成的“ENIAC”，并参加了为改进“ENIAC”而举行的一系列专家会议。最后，莫尔学院完成了“ENIAC”的研制工作。

“ENIAC”使用了18000个电子管（“巨人”只有2500个），全机重 30 吨（“巨人”重约 4 吨），功耗 150 千瓦（“巨人”只有 4.5 千瓦），占地面积 170 平方米（“巨人”为 10 平方米，高 2.3 米），计算速度每秒 5000 次加法运算（“巨人”每秒只能处理 5000 个字符）。“ENIAC”比古老的手摇式计算机要快 1000 倍，比人工计算快约 20 万倍。从此，现代意义的计算机进入了我们的生活。

电子数字计算机的出现是 20 世纪最辉煌的成就之一。按照采用的电子器件划分，电子计算机大致已经历了四个阶段：（1）第一代，电子管阶段（1943—1957 年）；（2）第二代，晶体管阶段（1958—1964 年）；（3）第三代，集成电路阶段（1965—1972 年）；（4）第四代，大规模集成电路阶段（1972 年至今）。

这样，经过电子管、晶体管、集成电路、大规模集成电路，以及目前超大规模集成电路的不断发展，计算机器的运算速度越来越快（最高已达到每秒数亿万次运算），功能也越来越全面。此外，未来的电子计算机形式也会有极大的变化。比如可穿戴式计算机以及由薄纸般的电子油墨显示屏与同样薄纸般的液体芯片主机构成的超薄型计算机等。

现在很多国家还在研制新一代的非传统计算机。新一代计算机将是微电子技术、光学技术、超导技术、生物技术、量子技术等多学科相结合的产物。已经实现的非传统计算机有：光子计算机、超导计算机、细胞计算机、单电子计算机、基因计算机、量子计算机等。光子计算机，是利用光学原理来建造光开关元件和光逻辑器件的计算机；超导计算机，是利用超导体器件作为元器件的计算机；细胞计算机，是采用生物细胞作为构成元件的计算机；单电子计算机，是靠单个电子的运动进行信息处理的计算机，利用单电子的隧道效应实现计算过程；基因计算机，是一种利用基因分子编码及其生化反应来进行计算实现的计算机；量子计算机，则利用量子物理性质来建造计算装置，从而进行超逻辑运算的计算实现；等等。

现代计算机将人们带入新时代的同时，也向人们提出了新的挑战。1950 年，富有远见的图灵再一次运用他非凡的才智，率先认识到了这一点。他在《心灵》(*Mind*) 杂志上发表了题为《计算机器与心智》的文章，第一次明确提出了"机器能不能思维"这一重要问题，并给出了著名的图灵测验。尽管图灵于 1954 年 6 月 7 日早早地离开了我们，但图灵留下的这一问题却一直在人工智能研究领域徘徊。

1956 年夏天，作为对图灵命题的直接响应，美国的一些科学家，主要是明斯基 (M. L. Minsky)、香农 (C. Shannon)、莫尔 (T. Moore)、塞缪尔 (A. Samuel)、罗切斯特 (N. Lochester)、赛尔弗里奇 (O. Selfridge)、西蒙 (H. A. Simon)、纽厄尔 (A. Newell) 以及麦卡锡 (J. McCarthy) 等人，在美国达特茅斯大学召开了世界上第一次人工智能学术研讨会。经会议召集人麦卡锡提议，会上正式决定使用"人工智能"(Artificial Intelligence) 来概括会议所关心的研究内容。从此，人工智能研究领域正式诞生。麦卡锡也因此被誉为"人工智能之父"。

从那以后，让机器拥有心智，就一直成为人工智能的专家、学者们关注的问题。但遗憾的是，人工智能研究经历了几番兴衰之后，并没有在根本上兑现当初许下的诺言。倒是似乎证实了这样一条侯世达定理："有些时候，当我们朝着人工智能方向前进了一步之后，却仿佛不是造出了某种大家都承认、的确是智能的东西，而只是弄清了智能不是哪一种东西。”[2]

20 世纪末，英国机器人专家凯文·渥维克在《机器的征途：为什么机器人将统治世界》一书中[3]，又耸人听闻地宣称，到 2050 年机器将取代人类，成为这个世界的主宰，而人类最终将丧失智力优势。难道这真的将成为未来的现实吗？也就是说，机器真的也会拥有人类的心智，机器也能够像我们一样会哭、会笑并意识到自己的情感波动，像我们一样具有创造性能力并不断自我完善、创造出更加聪明的机器后代吗？

看来我们应该对机器能否拥有心智这样的问题进行认真的审视，不是从人工智能实现的可能性方面，而是相反，从机器实现人类心智所遇到的障碍和困境方面。或许这样反而能避免盲目的努力，获得许多意想不到的收益，从而找到一把可以开启“图灵问题”大门的钥匙。

第一章

# 视觉感知多疑难

在现代生活中，无论你是搭乘飞机，还是乘坐高铁，甚至是入住宾馆、酒店等一些场所，都要经过人脸识别才能通行。其中的人脸识别就是通过机器视觉系统来完成的。

应该说，在人工智能研究之中，机器视觉系统的应用最为广泛。但是相对人类复杂的视觉活动能力来说，目前的机器视觉能力依然显得那样不值一提。特别是人类视觉中对视觉含义的把握、理解以及主观经验在视觉活动中起作用的微妙机理，目前机器还远不能实现。可以说，真正拥有人类视觉能力，就必定要涉及完整的视觉思维问题，这实际上已经是对整个心智能力的把握。为了能够对人类视觉能力的复杂内涵有比较全面的认识，还是让我们先来具体看一看人类丰富的视觉现象吧！

## 视觉含义是怎样产生的

在漫长的生命进化历程中，人类发展出了精妙的视觉系统，使得人类的视觉能适应复杂环境，并从中获取更有助于生存的视觉信息。因此，对于视觉而言，捕捉环境变化中的意义是第一位的，而没有意义的视觉信息是可以被忽略的，事实上也确实被忽略了。英国心理学家格列高里（R.Gregory）指出："我们的感觉器官所接收的是各种能量的模式，但我们极少单纯地看模式，我们看的是事物。一个模式不过是相对无意义的标记排列，而事物却有大量超出其感性特征的其他属性。"[4]

其实，人类视觉系统这种关注事物的意义而忽略无意义视觉信息的功能，几乎发展到了无以复加的地步。美国心理学家卡洛琳·M.布鲁墨在《视觉原理》一书的开头就强调："人的头脑从外来的刺激中'毫无节制'地产生着含义。这是一个事实，也是你所无法逃脱的过程，不管你愿意或不愿意都在发生着的活动。你的头脑不断赋予外界事物以含义——以致有时候这些含义本不存在，完全是你的幻想创造出来的。"[5]

说明这种"无中生意"的极好例子是"坐在长椅上的男人"的形象。如图 1.1 所示，除了一些在黑色背景中的白色斑块外，原本什么也没有，但你却能从这幅图中看出意义来：一位坐在长椅上的男人形象。其实这也不是什么新鲜事，读者或许在生活中早有这样的经验：从漂浮的白云中看出各种你所熟悉的造型；在斑驳的墙上看到了人物肖像、各种动作各异的动物形象；甚至还会为自然界形成的奇峰怪石，形象地冠以石猴、石龟、二郎探母等名号；等等。

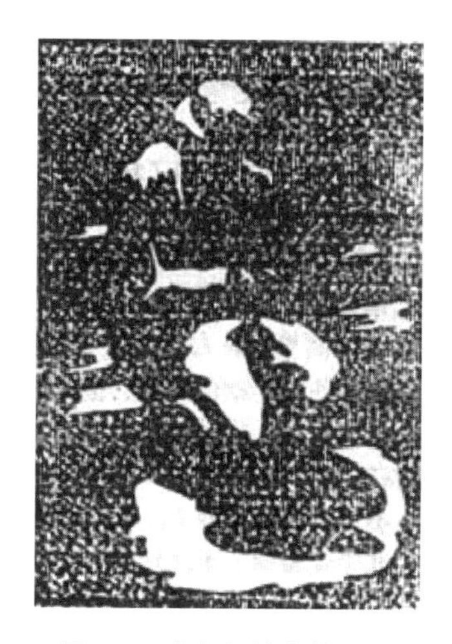

图 1.1　坐在长椅上的男人

是的，人类理解视觉含义的能力是惊人的。不同的图案不仅可以被理解为具有相似的含义，而且对相同的图案也可以看出不同的含义。对于图案含义的理解依赖于具体的视觉环境和主观状态，那种图案与含义之间严格的一一对应的理想情况是不存在的。就这一点而言，原则上以精确匹配为策略的机器则难以实现这样的对视觉含义的理解。

不仅如此，对于一幅视觉图案，含义的理解还存在着画内意义和画外之音的区分。例如就以图 1.2 而言，光凭图案本身的识别并不能理解其所要发生的一切内容。只有根据知识和经验加以推断，才能获得更全面的意义，其中包括图中那位绅士即将掉入井中的预期意义。

图 1.2 需要意义推断的图案理解

有时，视觉图案的意义往往存在多重选择性。对其含义的确切把握不仅依赖于主观心理定势，而且也依赖于图案本身所提供视觉刺激的微小变化。例如对于图 1.3（b），你可以将其看作兔子，又可以将其看作鸭子。但如果把图案稍稍改变，那么你就不再会有这种两难的选择了。参见图 1.3（a）和图 1.3（ c ），此时图 1.3（a）只能被理解为鸭子，而图 1.3（ c ）也只能被理解为兔子。

当然，对于有多种理解的情形，有时主观意向或意念也会起到重要作用。只有在一定的环境因素触动之下，被动的图案与环境发生关系时，一个主观意念才会突显出来，成为最终理解的含义。遗憾的是，我们对人类的这种视觉理解发生机制的规律还知之不多。但有一点可以肯定，其中包含了非线性突变的蝴蝶效应，即微小的扰动可以引起完全不同的理解结果。

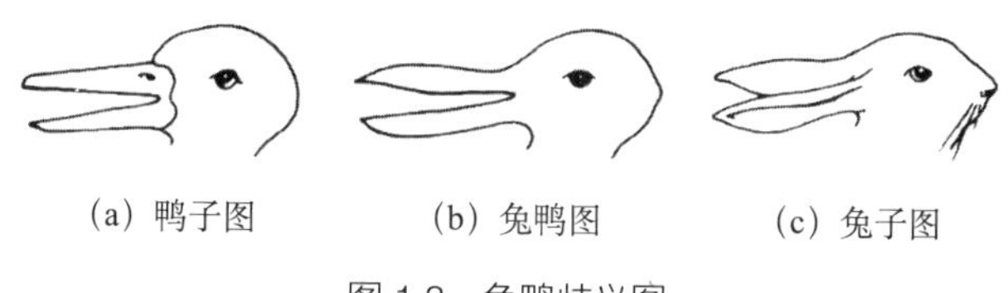

（a）鸭子图　（b）兔鸭图　（c）兔子图

图 1.3　兔鸭歧义图

请看图 1.4 的双重感知图案。图中在右上方和左下方的图案很难看出是男人的脸，还是一位女子的侧身坐姿。但到了左上方和右下方两个极端，就这两种含义的选择而言，却是清晰无疑的。很明显，处在右上方和左下方的图案是最具有歧义性的图案。此时就会发现，你所理解的结果深深地依赖于哪怕是很微小的意念作用，而这种意念作用又与外界因素的微小扰动相关联。

图 1.4　双重感知分析

这种现象我们就称之为蝴蝶效应，指的是对初始条件的敏感依赖性，具有不可预测性。所谓“差之毫厘，失之千里”指的就是这种效应。西方有一首民谣唱道：

钉子缺，蹄铁卸；

蹄铁卸，战马蹶；

战马蹶，骑士绝；

骑士绝，战事折；

战事折，国家灭。

这首民谣形象生动地描述了这个道理。

我们必须清楚认识到，导致何种结果的因素是不可预测的。虽然原则上你可以改变变量，使得理解结果与本应发生的情形有所不同。然而如果你这样做了，你就永远无法知道原本的结果是哪种了。这就好比将已经洗好的牌再洗一遍，你知道这会改变运气，但却不会知道是变好了还是变坏了。这种情形也依赖于主观理解所面临的真正困境，你根本无法给出具有确定意义的算法。

图案多重理解的困难还不止于此，有时对于歧义图案的多重选择也存在歧义。也就是说，不是所有的歧义图案都具有确定的几种含义可供选择，有时连有几种意义本身也是含糊不清的。图 1.5 给出了三种不同类型的歧义图案。图中（ a ）属于“含糊不清”型歧义图，你无法知道应该将此图案理解为几条狗；（ b ）属于“一图双关”型歧义图，就像一语双关的情况一样，其同时给出了两种以上含义；（ c ）则属于“多重选择”型歧义图，其具有两个相互独立且具有排他性的含义，主观理解了其中一种含义就不会产生第二种含义。由此可见，歧义图案的理解问题远远要比我们想象的复杂，而这一切又不过是我们全部视觉思维机制的一部分。

(a) 到底画了几条狗

(b) 箭头与小人

(c) 大号手还是女人脸

图 1.5　三种不同类型的歧义图案

除了对意义本身理解困难外，在视觉图案的理解把握中，机器还有一个更大的困难，那就是机器如何能像人类那样具备观看图案意图的能力。很明显，图案隐含着一定的含义，这是意义把握问题；而观察者愿不愿意以及基于什么样的目的去理解图案则是观察者的意图问题。我们必须清楚，这种观察意图直接影响了对图案的理解结果。

例如，在人类视觉认知活动中，对图案观察的深度和详细程度往往依赖于所要完成的任务。一旦任务完成，观看者就不会再耗费神思做额外的分析理解，把握不必要的意义。你会发现，有时候当观看者完成任务后，对图形本身的形状和布局依然知之甚少。这说明一旦达到了目的，观看者不会再做任何进一步的观看与理解。

有时我们会遇到像图 1.6 那样难以整合认知的图例，而无法完成有意义形象的感知。此时，我们的视觉系统也不会一味地陷于困境而不能自拔，而是会产生一个新的意图：跳出任务，干脆不再去无谓地观看了。

图 1.6 难以整合的冲突图案

有趣的是，碰到这种情境，如果换成机器并让其去感知该图案，即使机器具备感知正常图形的能力，为了理解这种难以整合的冲突图案，也一定会陷入死循环之中。也就是说，机器会在两种可能的理解状态中来回摇摆，而无法自行跳出这样的陷阱，在元层次上终止程序。显然，制造能够解决数学和逻辑问题的机器要比制造具有感知能力的机器容易得多。对于只会按照规则行事的机器而言，一旦涉及整体知觉、主观意念、多重选择和意图行为等问题，就必然会变得毫无办法。

## 首要的是整体知觉效应

请观看图 1.7，我想人们总是将其看作一只猫头鹰而不是由字母、线条、圆点构成的拼图，这就是整体知觉效应。也就是说，人们在把握视觉刺激时，并不是以自下而上逐个分析来获得生动的形象，而是同时将整幅图案整体感知为有意义的形象。换言之，我们具有整体知觉能力。

图 1.7　整体知觉的产生

的确，就我们的视觉系统而言，对视觉对象的感知并不是通过部分分析，而是通过全局的、整体性特征的把握完成。对这一认识，瑞士著名的心理学家让·皮亚杰看得更为深刻，他在《结构主义》一书中指出："在任何既定情境里，一种因素的本质就其本身而言是没有意义的，它的意义事实上由它和既定情境中的其他因素之间的关系所决定。总之，任何实体或经验的完整意义除非它被结合到结构中去，否则便不能被人们感觉到。"[6]

其实，早在 20 世纪初，发轫于德国而成熟于美国的格式塔心理学派就对这种整体知觉及其规律有过全面的论述。格式塔理论认为，形式知觉产生于形式部分之间的关系中，而部分特性就人们所能确定的内容来说，依赖于它们与所处整体的关系。也就是说，部分只能在整体中起作用，离开了整体的部分是没有意义的。基于这样的认识，格式塔心理学派将反映这种整体知觉的规律归纳为一些普遍性规则，称为知觉组织律。

首先，格式塔理论认为，在整体知觉中，人们的视觉所做出的最基本区分乃是图形与背景之间的区分。格式塔理论强调，图形在背景中反映的正是整体性知觉机制。一般而言，图形倾向于轮廓更加鲜明、更好定位、更加紧密和完整，一句话，更具有整体统一性。反之，背景就显得不那么整齐、规范，没有什么结构可言。

例如，在图 1.8（ a ）中，你看出那是什么图形了吗？如果你还没有知觉到的话，那么请你先看图 1.8（ b ），然后看图 1.8（a）。此时你就能体验到图形与背景的区分全部涌现出来的知觉过程。这就是整体知觉中区分形（图形）基（背景）的体现。

(a) (b)

图 1.8　形基律的体现

不过，有时图形与背景会相互交替，你可以将图形当作背景，而将背景当作图形，这就是在互为形基关系的图案中看到的效果，如图 1.9 所示。该图案既可以看作是两个黑色的人头，又可以看作是一个白色的酒杯，它们互为形基。当然，无论如何，对于互为形基关系的图案，你不可能同时看出两种状态的图形，在某一瞬间你只能确定一种形基关系。因此区分图形和背景的形基律，总是普遍有效的。

图 1.9　互为形基关系图案

其次，除了形基律之外，就如图 1.10 给出的视觉图例所呈现的那样，整体知觉的获得还体现在如下一些组织规律之上。

（a）接近律：我们的视觉易于根据部分之间的邻近或接近关系将其组合起来，并因此得出整体形象。如图 1.10（ a ）所示的图例体现的就是这种规律。

（ b ）相似律：指某种特征（形状、颜色、朝向、动向等）相似的项目，只要不被接近因素掩盖，则倾向于联合在一起。体现这种规律的图例由图 1.10（ b ）给出。

（ c ）连续律：如果一套点子中有些点显得连续或形成一个有规律的系列，或者扩展成一条简单的曲线，这套点往往易于组织起来，如图 1.10（ c ）所示。

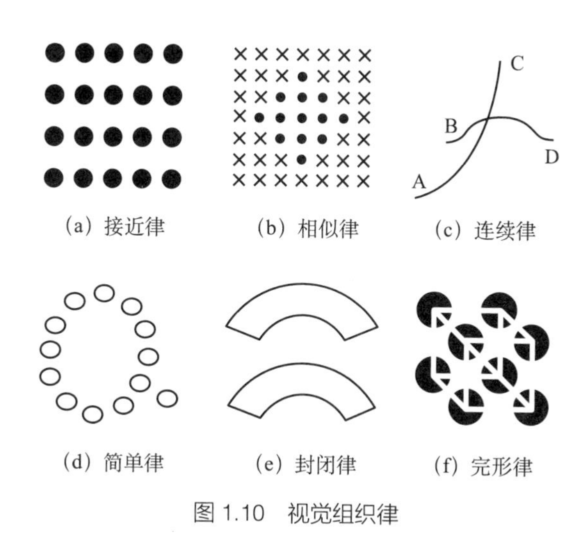


图 1.10　视觉组织律

有时，各种视觉组织律会在知觉过程中产生竞争甚至冲突的现象。此时知觉的结果形象往往取决于哪种因素更为重要。有时是相似律战胜了接近律，有时则是接近律战胜了连续律，等等。

最后，整体知觉的一般规律还告诉我们，在其他因素相同时，人们将把视觉对象看成有组织的简单规则图形。就是说，把视觉对象看作倾向于对称、整齐、封闭、惯常的图形，这就是知觉的简单完形律，如图 1.10（d）、（e）、（f）所示。

例如，在图 1.10（d）中，倾向于将左边看作为椭圆图形，而倾向于将右下边看作为一个单独圆点，这样才能相互弥补并形成完整的图形。在图 1.10（e）中，人们往往将其看作两个封闭的扇形。而在图 1.10（f）凌乱的图案中，人们总会存在一种简化倾向，将白色看作整体一致的图形。这一点在我们一开始观看图 1.7 时已经有经验了。

实际上，视觉过程中，整体知觉就是把部分整合为一个与以往经验相关联的完整形象；而简单律就意味着这一过程遵循着简化的原则，得出一个最简单、最有可能的形象去与刺激模式相匹配。从这个意义上讲，整体知觉一方面体现了部分只有在整体中才有意义这一原则，另一方面也体现了经验形成的完形在知觉中的作用是以简化为原则的。

应该说，由于整体知觉意味着整体与部分的相互关联，因此不可能用一步一步还原的方法来刻画。实际上现代科学研究已经告诉我们，人类这种复杂的整体知觉能力完全是大脑视觉皮层中许多离散分布的特异化神经组织功能活动的产物，而不是整个大脑皮层具有一般的计算能力所致。因此，对于整体知觉，靠那种还原论的方法，自下而上、一步一步计算是不可能实现整体知觉的任务的。

## 立体知觉的线索获取

除了大约 2% 的人之外，一般人的视觉系统都具有将投射在视网膜上的平面图像转换为三维图形的能力。这样，我们就能够看到三维的世界。对于人类的生存和活动而言，这种把握空间信息的能力至关重要，否则我们在这个世界上将寸步难行。所以，机器如果要具备视觉能力的话，也必须首先获得这种根据二维图像看到三维景物的能力。

人类获得三维景物的立体视觉功能，首先源自人类具有双目视差信息的获取能力。图 1.11（a）（b）给出的就是两幅包含了多种三维空间信息的三维景物图，其中双目视差是指两只眼睛从不同位置观察同一景物所形成的图像差异。这种差异很容易通过机器的图像分析所获取，并计算出被观察景物的深度距离，如图 1.11（c）所示。对于图 1.11（a）（b），当你将两幅图像分别呈现给左右眼时，比如用一张薄纸将左图与右图隔开来观看，就能够获得这种三维的深度信息，从而感知到空间景物的立体感。

虽说双目视差可以提供立体线索，但单靠一只眼睛我们同样也能感知到深度。因此，根据二维形状来获得三维形体，除了考虑双目视差因素外，我们还应利用其他空间线索。这时运动视差就成为另一个深度线索的重要信息源。因为当物体运动时，注视的物体方向就会改变。如果物体在近处，其方向变化就大；反之，如果物体在远处，其方向变化就小。运动视觉反映的正是不同距离处物体方向的变化速率之差。同样，如果图 1.11（a）（b）前后连续地呈现这两幅图像，那么通过运动视觉整合，你也能感受到空间的变化。

(a) 左视图

(b) 右视图

(c) 视差图

图 1.11　体视匹配图

现在请看图 1.12(a)，这是一幅美国总统山的照片。在照片中，山崖雕刻形成的立体感非常明显，是不是！但切记，这样的立体感完全源自阴影。当阴影减少后，图 1.12(b) 中的人头面孔就缺乏立体感了。因此，阴影，尤其是附着阴影，看来是决定物体深度知觉的另一个重要因素。实际上，阴影作为深度线索，其效力十分强大。即使在没有物体存在的情况下，阴影也能引发人的知觉。

(a) 美国总统山

(b) 美国总统山（当阴影减少时）

图 1.12　阴影是重要的体视线索

导致阴影线索的因素十分复杂。根据深度感知，我们很难往回推出其真正的原因所在，这就为机器根据阴影来恢复体视带来了极大的困难。目前机器只能在理想条件下，比如只有一个固定光源，物体表面各向同性等，来进行阴影线索的体视计算，从而恢复物体的实际深度。但在人类的视觉体视加工中，往往会综合利用各种线索，最终根据二维形状恢复三维形体。人们只有在综合了解各种线索后才能获得最终可靠的立体感知，而任何单一线索都是不可靠的。

例如著名的“视觉悬崖”实验，如图 1.13（a）所示，就说明我们会被纹理图案携带的体视线索所误导。图 1.13（b）所示的“观察室”实验中的错误，明显指出了我们视觉深度知觉如何受到恒常性经验的影响。至于阴影无中生有产生立体知觉的例子，如图 1.14 所示，更加说明任何体视阴影的线索都是不可靠的。很明显，人类的体视机制，远要比我们计算假设所要想象的还要复杂，其中许多因素都与主观经验密不可分。

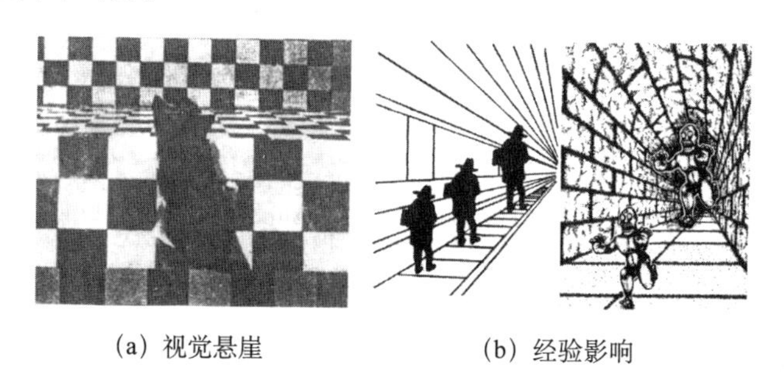

(a) 视觉悬崖　　(b) 经验影响

图 1.13　体视错觉

例如，物体的色彩具有明显的主观深度效果。在日光的照耀下，暖色距离向前靠，冷色距离向后靠。在同等距离内，鲜红色的物体比鲜蓝色物体似乎要靠前些；饱和色（如红色）要比靠色（如粉红色）

显得近些。

SHADOW

图 1.14　真正的阴影 SHADOW

至于像遇到图 1.15 给出的情况，你就根本无法客观地计算出其深度距离。对于图 1.15 的体视信息的理解，一切都依赖于你的主观意念准备如何接收它，是起念为“凹陷物”呢，还是“凸起物”？面对这样的困境，机器必将束手无策。

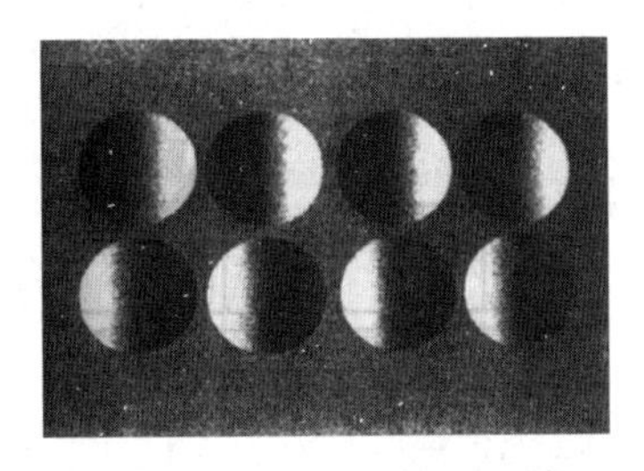

图 1.15　是凹陷物还是凸起物?

## 为何偏偏要有错觉

我们已经看到，无论是形状知觉还是立体感知，机器都会遇到难以克服的困难。这种困难，从深层的机制上讲，集中体现为人类所具备的视觉恒常性和容错性，难以为机械精确、永远无错的算法方式所描述。

所谓恒常性是指，在我们的视觉观察中，物体的大小、形状、颜色、亮度、位置等因素的变化，并不影响我们对该物体本身状况的正确判断。如图 1.16 所示，不管怎样变换角度，你都会将其看作一块长方形的木板。再比如，估算一个人的身高，不会随其距离观察者远近而改变；物体投射在视网膜上的位置变化也不影响对物体形状的识别；再暗的环境中也可以判断出物体的正确颜色；轮廓和实心形状的视觉效果一样都反映了人类视觉这种奇妙的特性。

图 1.16　形状恒常性

有科学家强调，大小恒常性的原理建立在“感知大小＝感知距离 × 视角”这一公式之上。比如地平线上的月亮显得比升空的月亮更远，这是因为月亮的视角基本固定不变，我们就感到它较大。这就是所谓的埃默特定律。但距离又是怎么获得的呢？由于距离的知觉在很大程度上建立在大小恒常性的视觉经验之上，因此将大小恒常性归结为距离知觉未免又会陷入“先有鸡还是先有蛋”的两难境地。

其实，恒常性主要来自经验和比较。有科学家用老鼠进行了大小恒常性的实验，证实了经验对大小恒常性还是必要的。物体与所处背景的相对比较则是恒常性的另一重要来源。因此恒常性也可以看作当前物体与已有物体经验比较的结果。正因为这样，有时我们的视觉会得出错误的结论，产生幻觉或错觉。经验的成见导致错觉，但人类的视觉不会因有错觉而否定经验的作用，因为经验是人类赖以生存的基础。这就是所谓的视觉容错性。

图 1.17、图 1.18、图 1.19 给出了一些常见的错觉图案。图 1.17（a）“长度错觉”反映的是长度相对的比较性错觉。我们的视觉会将不同背景下的两条相同长度的直线看成长短不齐的。图 1.17（b）“大小错觉”说明了背景同样会影响视觉的正常知觉。图 1.17（c）“方向错觉”则完全是受背景形状影响的结果。

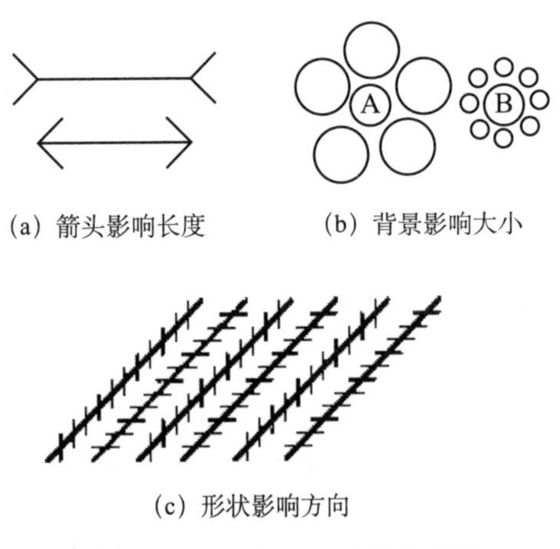


(a) 箭头影响长度　(b) 背景影响大小

(c) 形状影响方向

图 1.17　长度、大小和方向错觉

同样，背景也会产生“条纹线错觉”，如图 1.18 所示。图 1.18 的波浪式条纹线实际上都是直线。至于无中生有的“螺旋线错觉”更是出于我们视觉冗余度的“造作”，将图 1.19 中的同心圆看作螺旋线！

图 1.18　条纹错觉

图 1.19　螺旋线错觉

错觉的极致，便是我们可以感知不可能图形。也就是说，在现实世界中根本不可能存在的形体，在我们的知觉世界里竟然是合理的。图 1.20 给出了一个不可能图形，你在现实中根本造不出这样的实体。

图 1.20　不可能图形

实际上，错觉是我们拥有无比精湛的视觉能力的必然代价。如果有一天人类失去了错觉能力，也就意味着我们必然也失去了精湛的视觉能力。的确，人总免不了会犯错误，而这正是人类值得骄傲的心智特性。机器不会出错，它总是精确地执行人类为它编制好的程序或程序的程序，因此机器也就不会拥有人类精湛奇妙的心智能力。

## 复杂的视觉神经系统

早上我们醒来，睁开双眼，就会有五光十色的事物映入眼帘：床头的闹钟正在嘀嗒嘀嗒跳动着指针；窗外的树影随风移动不停；远处的云彩，在一轮红日的渲染下，更显得绚丽娇艳。此时，你也许根本不会想到这一切不期然而然的结果，竟然都是视觉系统的功劳。生活常常就是这样，最习以为常的事情，不管多么重要，当你拥有时就不会珍爱和关注，只有失去的时候，才会格外引起你的注意和重视。

那么，给我们带来丰富多彩的世界的视觉系统是如何工作的呢？在人类视觉系统中，第一个起到收集视觉刺激信息作用的器官是眼睛。如图 1.21 所示，眼睛是一种精巧万分的球状器官，光线由外射入，可以在眼睛的底部内侧形成一个倒立的像。眼睛的这一特点很像我们生活中使用的照相机。所不同的是，照相机的底片是由被动感光材料构成的胶片，而眼睛的“底片”则是大脑神经外围组织的神经细胞构成的视网膜，具有主动跟踪获取和能动解释信息的能力。

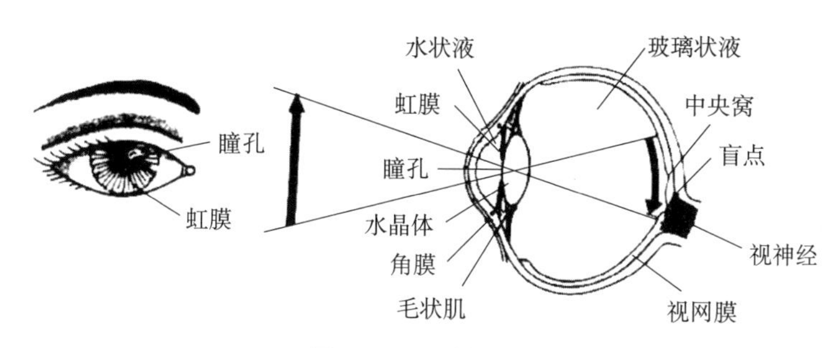


图 1.21　眼睛的结构

眼睛中的晶状体是一种可调节焦距的透明物质，而通过头—眼协调运动系统，就可以主动跟踪被视物体。另外，视网膜中神经细胞的自主活动与相互作用又为能动解释视觉信息提供了可能。

视网膜，是覆盖在眼睛底部的网状薄膜，由多层神经细胞相互交错连接而成，如图 1.22 所示（最上面箭头标注的是英文单词 light，中文意思是光线）。最底层的那层细胞称为感光细胞，其上附着一定的色素，非均匀地分布在中央凹（窝）的周围。

整个视网膜上，约有 1 亿个感光细胞。它们大体可以分为杆体细胞（rod cell，图 1.22 中 R 所标示的细胞）和锥体细胞（cone cell，图 1.22 中 C 所标示的细胞）。杆体细胞主要对光的明暗性敏感，因此在夜间发挥主要作用。锥体细胞有三种，分别对红、绿和蓝三种波长的光起反应。三种锥体细胞的混合反应便可开启白天的色彩知觉。

在人类的观察活动中，眼睛的作用实际上就是将外来刺激的光照信号，经过视网膜中神经细胞的加工后，变为送入大脑的某种电脉冲编码组合模式。这些电脉冲编码组合模式代表的就是从外界观察到的景物。因此，不管外界的刺激是源自二维的图画还是三维的景物，从视网膜到大脑都有一个相同的将二维形状转换为三维形体的过程。

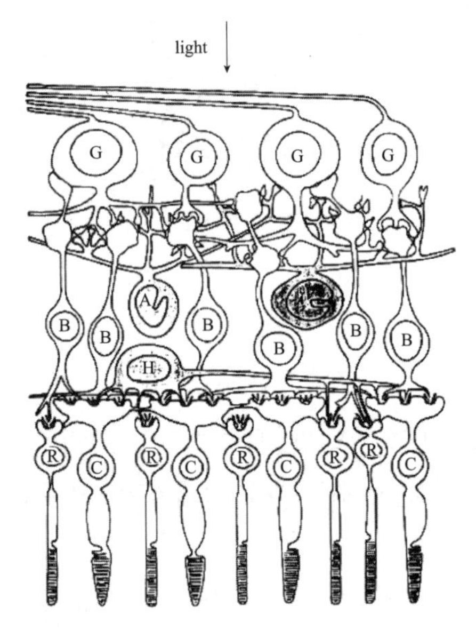


图 1.22 视网膜连接模式图

光线通过晶状体到达视网膜后，会继续穿越视网膜刺激感光细胞上的色素，并引起化学漂白反应，产生的化学能激活感光细胞。尽管我们不能用肉眼看到个别的光子，但是视网膜上的感光细胞还是十分敏感的。通常感光细胞能够接收单个光子的刺激，而要使我们的视觉产生闪光经验，也只需要五至八个光子的作用。可见，我们的视网膜是多么精巧。

视网膜中的感光细胞被激活后，可以向上使后继的水平细胞（horizontal cell，图 1.22 中 H 所标示的细胞）、双极细胞（bipolar cell，图 1.22 中 B 所标示的细胞）、无长突细胞（amacrine cell，图 1.22

中 A 所标示的细胞）兴奋。这些神经细胞相互作用，可以将有选择的视觉刺激变成一定的电脉冲，传递给视网膜最上层的神经节细胞（ganglion cell，图 1.22 中 G 所标示的细胞）。

现已探明，相邻的神经节细胞从相邻的感光细胞群中接收信息，而每一个感光细胞又连接着不同的相邻的神经节细胞。这样，视网膜上的光照刺激就会不止一次地获得不同的神经节细胞的神经编码，以完成最初的对视觉有用的信息的提取。

从神经节细胞群引出的神经视束，在我们获得视觉印象的过程中，又经过了十分复杂的行进路线，这就是所谓的视觉通路。对于视觉通路，美国神经生物学家库夫勒（S.W. Kuffler）指出："视神经起自视网膜中的节细胞，终止于一个中继站（外侧膝状体）内的细胞群上，这群细胞的轴突通过视放射，又投射到大脑皮层。从这以后，行进变得更为复杂，在视觉中没有终点站。"而正是"神经纤维的起点和它们在大脑中的终点决定它们传达信息的内容"。[7]

实际上，问题比这还要复杂，库夫勒指出的只是视觉通路的主要的上行部分。另外一小部分视束则走向内侧，经上丘骨到达上丘和顶盖前区，然后再投射到丘脑枕，换元后投射到视皮层。这部分视束的主要功能虽非直接与知觉感受有关，但在调节瞳孔、控制眼动等方面起着重要的作用，为主动视觉的实现提供了不可替代的手段。

另外，所有视觉通路的投射活动也并非只是单向上行传递的。在各个通路阶段，其实普遍存在着同时的下行制约投射和并行制约投射。总之，在视觉通路中，各层次的神经细胞普遍以相互作用的方式进行通信。

图 1.23 反映的是较为全面的视觉通路概貌图。图 1.23 中显示，

对于左视野中的视觉刺激，分别投射到两只眼睛视网膜的右侧，然后激起的神经信号沿视束经过交叉后投射到右侧的外侧膝状体。与此同时，有小部分则经上丘投射到右丘脑枕，丘脑枕和外膝体通过视放射再与视觉大脑皮层相互作用，形成对左视野视觉刺激的感知。右视野的感知活动也类似，只是起作用的均为左部视觉通路。

当然，具体地讲，在视觉通路的各个站点上，都集结着数以万计的专职神经细胞。正是它们相互连接和投射的活动，才维持着动态的视觉通路的视觉信息传递与加工。一般对于某一层次中的一种神经细胞，科学家们喜欢将受其影响（可被激活）的视网膜感受细胞分布的区域称为该神经细胞的感受野。通过研究，科学家们很快探明，在视觉通路的每一级，性质比较简单的细胞相互结合，逐渐形成更为复杂和包含更多视觉内容的感受野。因此，各级感受野正是合成及感知复杂视觉世界的基础。它的最大特点就是其反映了视觉的一般原则，即视觉系统往往只强调感受的强度对比差（相对强度），而不强调感受光的绝对强度，并且这种原则随着视觉通路的不断上行而愈加显著。

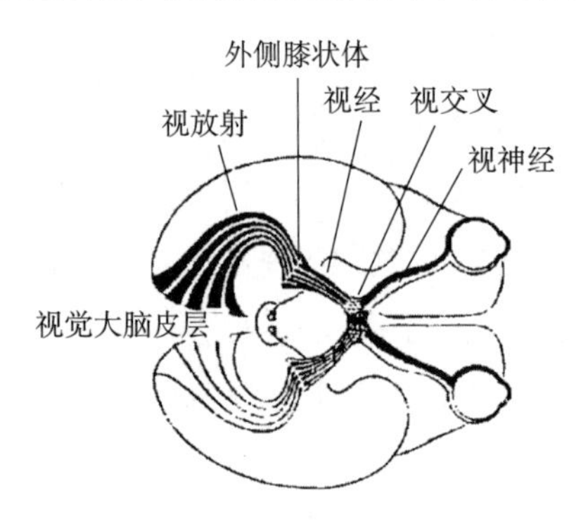


图 1.23　人类视觉通路示意图

在视觉通路的不同阶段中，各种神经细胞的感受野及反应是不同的。神经节细胞和外侧膝状核细胞对小光点反应最好而对散射光反应较差。皮层中的神经细胞则对高层特异的形状或形体反应最佳，特别是在视网膜上具有一定方向和位置的线段、边界、拐角或动向更是如此。另外，在视皮层中还有一种双眼细胞，对来自两个不同眼睛的视差反应最佳，反映的是物体表面深度变化的信息。

由此可见，在视觉通路中，从初级感受器开始，一直到复杂细胞为止，神经细胞的特异性越加显著。特别是在皮层等级中，神经细胞能在越来越高的水平上对越来越复杂的视觉图形选择性地做出最佳反应。

当一块光斑出现在视网膜上，信号大多是从靠近方块边界的感受野引起的。感受野位于接近边界的节细胞和外侧膝状核细胞，比感受到均匀光或暗的细胞能发放更强的信号。只有那些以正确方位、在沿边界或拐角有适宜感受野的简单和复杂细胞才发放信号。

比如，即使在大脑视皮层中的一个小片段中，也包含着具有许多细胞排列的多个功能柱。它们都是特异地与一小部分视野有关，能逐个分析运动、方位、颜色和其他刺激参数，并且对于视网膜的每个小区域不是只做一次表征，而是一次又一次，一个柱又一个柱反复进行表征。在其中，每个功能柱又都是特异化的，只对某一种视觉刺激起反应。

正是这样，在视觉通路中，似乎整个大脑视觉皮层是分层次搭起的积木。每个积木块“各向同性”起着某种专职作用。视觉通路中的积木块中又嵌套更小的积木块，层层叠叠，可以一直递推下去。积木块小到单个细胞、柱、斑，大到层、区乃至整个视觉皮层。这些不同大小的积木块所对应的感受野，也因此从感受细胞的一个点，一直层层复合为整个视野，表征着外界映入眼帘的视觉刺激模式。

总之，整个视觉通路中的神经连接和排列方式，决定了引起神经细胞活动方式的视觉刺激或辨认。而且，这种连接和排列方式又最大限度地体现了视觉通路中不同阶段视野区域的拓扑对应性。视觉系统这样的组织方式，反映了对相对强度的信息的最佳敏感性，也突出了所有层次神经细胞（群）对视觉信息特征把握的特异性。

的确，神经细胞是如此之多，以至于在任意视网膜位置或任意大小的形状的同形图案，都会有专职神经细胞集群接收并感知其形状。也就是说，神经细胞的所有连接方式已经考虑到了所有可能出现的各种图形组合的同形识别问题。反过来说，视觉机制之所以有此功能，完全是适应外界丰富的各种图形刺激后形成的结果。

人类视觉系统这样的组织方式对于机器而言几乎是不可想象的。因为要做到这一点，必须有数量级相当的特异化的人脑神经细胞以及并行关联处理器集群。尽管在具体处理一次感知任务时，大部分“处理器集群”是“闲置”不用的，但你也必须有备无“患”。所以，实际上人类视觉系统处理信息的方式是“最笨的”（当然也是最聪明的）绝对选择性匹配方式。人类的视觉正是通过简单地大规模重复和变奏表征，应付变化无穷的视觉刺激的复杂表现，以得到最佳的视知觉效果。

## 抹不去的视觉主观性

美国科学家欧文·洛克在《知觉之谜》一书中指出：“大脑并不是简单地记录下世界准确的映像，而是创造出自己的‘照片’来。”[8]

无独有偶，格列高里也指出："知觉不是简单地被刺激模式决定的，而是对有效的资料能动地寻找最好的解释。"[9]英国著名科学家克里克在《惊人的假说：灵魂的科学探索》中更是强调："看是一个建构过程。在此过程中，大脑以并行的方式对景物的很多不同'特征'进行响应，并以以往的经验为指导，把这些特征组合成一个有意义的整体。看涉及大脑中的某些主动过程；它导致景物明晰的、多层次的符号化解释。"[10]

很明显，对于一个物体的知觉，必须通过对这一物体的各组成要素进行感知把握之后才能完成。然而，如果在感知把握时，没有一个整体的概念做指导，那么对这个物体的知觉连一步也不能深入下去。观看并不是对视觉对象的机械复制，而是对其总体结构特征进行积极主动、有选择的把握。通俗一点讲，就是说，观察者能看见什么，不仅取决于外界呈现的视觉刺激，还取决于主观的注意和意图指导。外界刺激只有在主观意识活动的参与下，才能显现视觉形象。

从某种意义上讲，一切理解都必然是主观性、个性化的。《吕氏春秋·去尤篇》记有一则寓言："人有亡斧者，意其邻人之子，视其行步，窃斧也；视其颜色，窃斧也；听其言语，窃斧也；动作态度，无为而不窃斧也。俄而掘其沟而得其斧，他日复见其邻人之子，其行动、颜色、动作皆无似窃斧者。"[11]

或许主观意念的作用不像这个寓言所说的那么夸张。但有一点是肯定的，起码对于有歧义性描述的理解，主观意念确实起着重要的作用。实际上，对于视觉图景而言，哪个又不是有歧义性的呢？因此，主观理解性具有普遍的意义。

请观看图 1.24，你有没有看出什么名堂？或许你还没有看出什么有意义的东西。但如果我此时告诉你：这幅图画有一条正在觅食的猎狗。然后你按此意念去主动寻找，那么你一定会如愿以偿，看到这条猎狗。这便是主观意念所起的作用。

图 1.24　存在一条猎狗吗?

在主动视觉中，主观意念一旦产生，有时会非常强烈，挥之不去，顽固地盘旋在你的脑海，左右着你的感知活动。比如对于图 1.25 给出的画谜，在没有告诉你谜底以前，恐怕你很难看出这些小图案到底画的是什么。但如果告诉了你谜底 [12]，你带上谜底的意念再去看它们，你就再也摆脱不了谜底告诉你的那个“答案”了。

在这种主观意念起作用的情况下，人类视觉会主动且有选择性地去“发现”线索以构成有意义的整体感知。除此之外，主动视觉还有一个重要的特点，就是主观意念并非总是单一的。比如著名的 Necker 立方体（图 1.26）的感知一样，往往存在着多个意念，它们都代表了一种合理的感知理解。在这种情况下，最终赢得主导作用的那个知觉形象，就是在竞争中获胜的那个意念最终取得了主导地位。

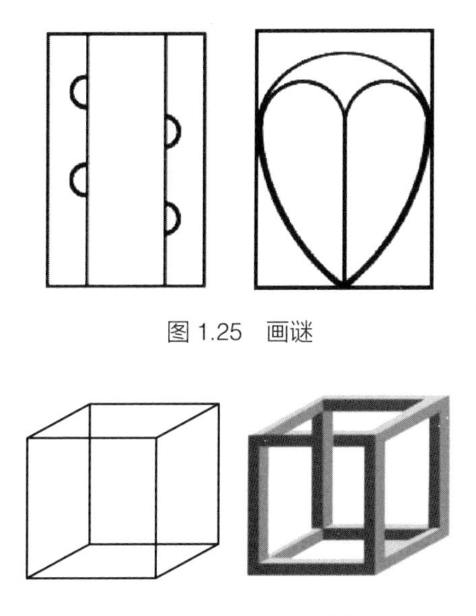

图 1.25　画谜

图 1.26　Necker 立方体

美国画家琼斯（Jasper Johns）利用这种竞争主导机制曾创作过一幅抽象画，如图 1.27 所示。在这幅图画中，你可以任意选择自己喜欢的幸运数字（0 到 9 之一），然后你总能在其中清晰、明确地找到。但如果你在脑海里不先入为主地设定任何数字，那么你只会看到一团凌乱的涂鸦。

从视觉神经机制上讲，由于要有意地主动跟踪和搜寻有效线索，因此视觉选择性注意机制就必不可少。从事机器视觉研究的科学家们已经认识到这一点，也开始研究主动视觉的机器实现。诚然，机器通过对运动序列图像的分析和跟踪，确实可以选择有效的线索。不过，由于机器缺乏主观意向性指导，因此客观视觉刺激中不存在的线索，机器不可能无中生有地计算出来。

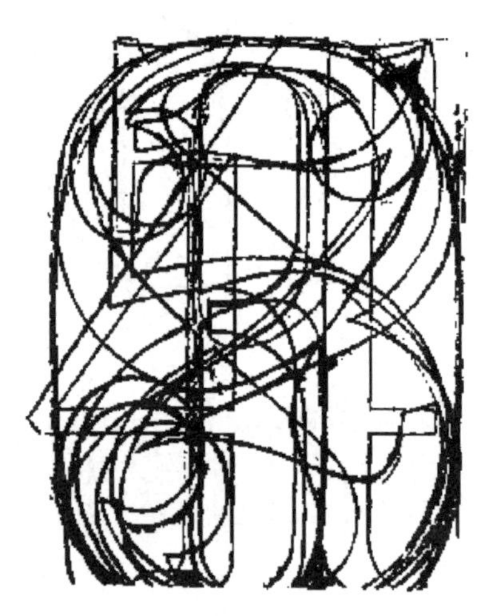

图 1.27 《0-9》（贾斯珀·琼斯作，1960）

比如在图 1.28 所呈现的图案中，人类很容易就知觉到一个长方形。请注意，图中的边线仅仅只是主观想象的，实际图案中并不真有什么边线存在。人类之所以能够知觉到这幅图案中的长方形，完全是主观意念与呈现刺激相互作用的结果。因此，在这种场合下，离开了主观的意向性指导，你永远知觉不到其形状的存在。

还有更为神奇的现象，有时候我们的视觉还会出现似动效应。如图 1.29 所示，当凝视图中的白点时，你会看到许多此起彼伏的黑点。为什么会有这样的似动效应？因为我们的视觉在观察时会涉及一个主观意图与客观刺激相互作用的过程。一方面，要按照心的意图去注意你所感兴趣的内容，另一方面则是强烈的客观刺激会自动吸引你的注意。此时，再加上背景刺激的干扰，就会产生不可思议的似动效应。

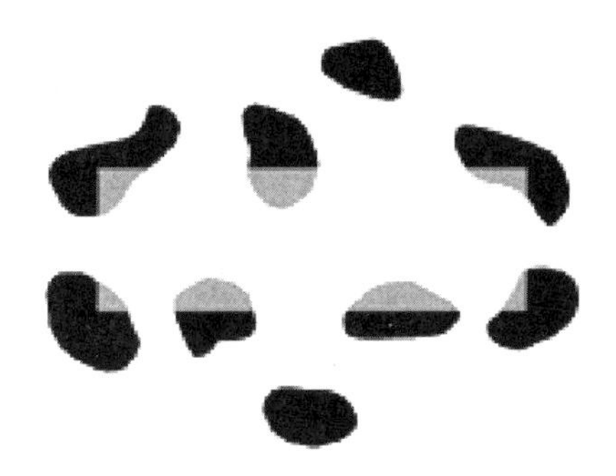

图 1.28　主观轮廓线

图 1.29　似动视觉效应图

更进一步，有时对于视觉图案的知觉意义的把握，还会依赖观察者主观心境的情感和情绪。如图 1.30 所示，在无表情的人脸中，如果观察者主观心境好，人物的表情就显出开朗的神态；反之，主观心境坏，人物的表情又显出忧伤的神态。对此，毫无情感和情绪变化的机器又当如何处理？又能如何处理？哪怕机器能够主动搜寻线索，这些线索也绝无一丝感情的色彩。

图 1.30　折射主观心境的图案

特别是，这种主观心境倾向性还有一个动态的适应性问题，可以通过视觉学习不断改变。当然，这种学习适应活动的前提是主体必须预先具有某种感知能力，而这种感知能力又往往是在环境中习得的结果。福古斯在《知觉》一书中指出:“在人们能够学习以前，某些知觉是必需的。因为我们先感受到事实，我们才能够获得事实。很显然，一个盲人不能感知或认识物体的颜色。又有谁会否认思维和学习这些工具在很大程度上依赖于个人先前所学习的东西呢?……但是，我们也知道思维的结果改变着未来的学习，然后那个学习反过来又能够影响我们感知世界的方式。”[13] 也就是说，感知能力与学习适应活动相互依存并共同发展。于是，人类的视觉感知能力对于逻辑运算的机器而言又是一个新的挑战。

总之，主动视觉，特别是主观意念参与的知觉过程是与人类整个心智能力，包括意识、情感、经验等在内的机能密不可分的。正如我们前面所分析并指出的那样，人类视觉涉及的方方面面，无疑都将成为机器实现视觉能力难以逾越的障碍。正如美国格式塔心理学家阿恩海姆（R.Arnheim）所指出的："一台计算机可以'观看'，但绝不能'感知'，这之间的区别并不在于机器没有'意识'，而是它迄今为止还不能对某种式样做出本能的或自动的领悟——而这恰恰是知觉和理智的一种基本性质。"[14]

诚然，我们确实可以期望机器能"理性"地检测客观的形状和形体，但是如果这种"理性"本身又与"感性"，甚至"情感"纠缠不清，那么除了可以用机械操作解决的视觉任务之外，我们又能期待机器做什么呢？！

## 第二章

# 话语蕴涵着奥妙

假若你是一位去外地旅游的远方客人，带着笨重的行李刚走下火车，走进了一家餐厅。如果此时有位机器人如图 2.1 所示，主动上前用流利的汉语询问你：“先生，您好！我叫郝仁，是‘包您满意’服务型机器人，如果您需要帮助的话，请您尽管吩咐，我愿为您效劳！”而你不必知道任何有关机器人的操作指令，就可以直接用汉语告诉机器人你所需要的餐饮，机器人立刻就将可口的餐饮摆上餐桌，有这样的服务该多好啊！

是的，能用像汉语等这样的自然语言，直接指示机器人为人们工作，是人类梦寐以求的事情。当然，这样的梦想成为现实的一个前提就是，我们必须拥有能够理解和听懂人类话语的机器系统！可是，要使机器具备语言理解能力却并非一件轻而易举的事情，其中会涉及人类心智和文化的几乎所有方面。因此，语言理解能力也就成为智能的基础，实现这一能力进一步成为人工智能研究的一个重要目标。

图 2.1　日本本田公司阿西莫服务机器人

## 《晚眺》诗的解读

那么机器到底能不能理解人类的语言呢？带着这一问题，让我们先从宋代大学士苏东坡写的一首《晚眺》图解诗说起。

据《回文类聚》卷三记载：（宋）神宗熙宁间，北朝使至，以能诗自恃，以诘翰林诸儒。上命东坡馆伴之。北使乃以诗诘东坡。坡曰："赋诗，亦易事也，观诗稍难耳。"遂作《晚眺》诗示之（见图

2.2），北使惶惶不知所云，自后不复言诗矣。

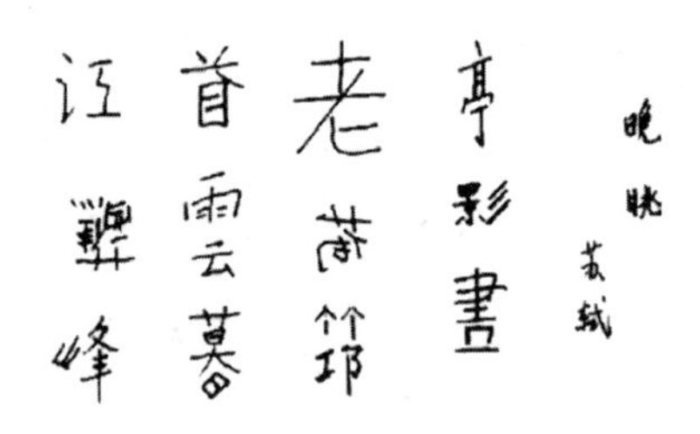


图 2.2 《晚眺》图解诗

这一故事是否确有其事现已不得而知，但这首《晚眺》却给语言的理解提出了一些重要而有趣的课题。由于这首诗的妙处在于图文相参，须按图解读，将语言理解与元语言指示混合方能概全诗文，内容实为：

长亭短景无人画，
老大横拖瘦竹筇。
回首断云斜日暮，
曲江倒蘸侧山峰。

可见，这首诗不但充分体现了语言的绝妙运用，而且也有力说明理解语言并非一件轻而易举的事。

其实，对于像《晚眺》图解诗这样的文字解读问题，西方学者也有高见。法国哲学家德里达在《书写与差异》一书中[15]提出了一种与西方传统语音中心论相左的“书写语言学”，就强调书写文字的独立理解作用。德里达认为，文字就像诗，具有诗意，是一门艺术。文字不怕遗忘，因为它只凭自由创造，不靠记忆临摹。在文字里，直觉多于理性，因而它是具体的、感性的。要像阅读一首有新意的诗一样阅读文字，这样，它就会产生意想不到的意义。

当然，这种绝对否定文字约定俗成的符号性是偏激的，但德里达看到文字的图形意义，无疑独具慧眼。这一点特别适合于图形文字的汉字。确实，在汉语阅读中，你首先遇到的就是对一个个汉字本身的解读。尽管在大多数情况下，就像著名语言学家赵元任所认为的，单个汉字就是一个基本语素，不能再进行意义上的分解。但稍加深究，你就会发现，汉字经常在某种语境中不满足最小意义上的条件而成为可分解的单位。

还是那位大学士苏东坡，人们传说，他有一个妹妹叫苏小妹。有一次，苏东坡同他的朋友佛印和尚谈论佛理。佛印高谈阔论，大谈佛法无边。此刻躲在帘后的苏小妹听了很不以为意，便有意要捉弄一下这位大言不惭的和尚。于是她写了一副上联讥讽挖苦佛印和尚，让使女拿去给佛印对下联：

人曾是僧，人弗能成佛

佛印看了上联，知道苏小妹的用意，便随手对出了下联：

女卑为婢，女又可称奴

佛印反而把苏小妹给捉弄了一番。

苏小妹与佛印和尚的聪明机智姑且不论，单就这个对联中的用字来讲,“人”与“曾”相合是“僧”,“人”与“弗”相合成“佛”；“女”与“卑”为“婢”，“女”与“又”连在一起可称“奴”。这些“合字”现象的存在，都说明了汉字意义的可分解性是确定无疑的。应该说，正是汉字的这种意义可分解性，为汉字语言产生图解作用提供了可能。

汉字意义的可分解性，也说明为什么有时候汉字的繁体字比简体字更容易产生联想意义。比如“苏”的同义异形字“甦”是“更生”的组合，而“苏”则没有这样的组合。因此“甦”比“苏”更易产生“苏醒”之意。

由于在汉字中“望文生义”和“因声求义”现象较为普遍（早在东汉，许慎的《说文解字》和刘熙的《释名》就对此有系统的研究），这就无疑为一定语境中汉字意义的解读和想象理解奠定了基础，甚至进一步为造字创意提供了可能。

例如童话作家路易斯·加乐尔在《阿丽思漫游奇境记》里写的一首“炸脖龙（卧）”诗及其赵元任的翻译[16]，都是为了渲染一种意趣而有意杜撰新字（词）。读者阅读这些新字（词），便可以靠联想猜测来实现某种意义。这里仅录一节供欣赏：

‘Twas brillig，and the slithy toves

Did gyre and gimble in the wabe：

All mimsy were the borogoves，

And the mome raths outgrabe.

译文：

> 有（一）天点里，那些活济济的貐子，
> 在卫边儿尽着那么[illegible]那么[illegible]；
> 好难四儿啊，那些鹁鹄鸼子，
> 还有家的猪子怄得格儿。

在上述英文诗的“toves”是一个杜撰的词，却能让我们联想到“doves”一类的小动物。赵元任巧妙利用汉字偏旁部首的固有意义，生造出“貐”一字来相对，同样让人联想到某种小动物。其他一些编造的文字也无不如此，都有这样的联想寓意。

当然，文字解读在完成语言理解与意义合成中所起的作用，离不开某种元语言语境机制。也就是说，你只有站在元语言的角度去看待它，然后再将元语言获得的理解信息，汇入语言层次理解信息的范畴，才能意合出完整的阅读效果。这里元语言指的是，那种对语言单位本身进行描述的语言。

1987 年 8 月 25 日的《中国青年报》刊载了一幅《“富”了之后》的漫画，参见图 2.3。这里对“富”字的解读就存在两个层次：一是作为语言中的“富”的意义，二是跳出语言层次，走进元语言（对语言的描述），你会得出有人推走了“田”的理解。只有将两个层次的意义融合为一体时，你才能得出这幅漫画的真正寓意：靠田富起来后却抛弃了田。这样就起到了很好的讽刺和警诫效果。

图 2.3 《“富”了之后》(沈尚明作，1987)

实际上，前面讲到的《晚眺》诗也当如此解读。比如说，“亭”字写得长所以读作“长亭”，“影”字写得短所以读作“短影”，如此等等。

有一个古老的字谜为:“上头去下头，下头去上头，两头去中间，中间去两头。”(谜底是“至”)同样，要想猜出谜底，你也要做一种元语言转换。对“去”的解读，既要看作是语言层次的动词“去”，又要看作是被处理的元语言名词“去”。也就是说，要将“上头去下头”理解为“上头‘去’去下头”。自然，后面三句中的“去”也一样需要这样解读。

其实，类似这样进行文字解读，有着较为广泛的适用性。像稍微正式一点的“同形”修辞格的理解和文字说明句也有这样的问题。比如“排成之字形”“十字架”“有个A形的木梯”“嘴巴张成个O，却吐不出话来”等，以及像“我是一个七笔画的字”，都利用了文字的元语言或意义分解的解读手段。

因此，在语言理解的完整考察之中，首先必须解决这种文字解释机制的实现问题，然后才是“正规”的从音到词，从词到句，再从句到篇的语言理解问题。而正像我们一再强调的那样，机器缺乏这种元语言解释能力。

## 多尺度意群分割

撇开文字不谈，也撇开元语言解释能力不谈，从语言话语上讲，语言理解的第一步应该是人们能够首先识别出话语中的一个个语音音节。这就是语音机器识别研究领域的主要任务。

在语音识别中，同音词或同音字现象十分普遍（五万多汉字共用不到两千多个音节），这就会使语音机器识别研究陷于困境之中。比如，遇到赵元任编出的《施氏食狮史》这种极端情况，机器一定会束手无策的：

> 石室诗士施氏嗜狮，誓食十狮，氏时适市视狮。十时，氏适市，适十狮适市。是时，氏视是十狮。恃十石矢势，使是十狮逝世，氏拾是十狮尸适石室。石室湿，使侍试拭石室。石室拭。氏始试食是十狮尸。食时，始识是十狮尸实石十狮尸。是时，氏始识是实事实。试释是事。

不过，就一般情况而言，语言理解首先遇到的困难，并不在单个音节的识别之上，而是在语流中多尺度意群的分割中。所谓意群，指的是我们的语言所表达的思想，都是通过一群相互关联在一起的意义单元体现出来的。这些意义单元根据其所处语言片段的角色，有大有小，因此意群分割也就有一个多尺度问题。

实际上，语言理解就是一个“依篇断句，析名分词”的过程。小到音节的切分，大到段落划分，无不贯穿着这个中心问题。因此，不管是用耳朵听，还是用眼睛看，这一过程的核心问题都是要根据语言的运用规律，首先层层分解不同尺度大小的语言单元（简称语元），然后在这些不同尺度与层次的语元及其相互关系中，再来理解整个语篇的思想内容。这样，层层分解出不同尺度的语元，就是语言理解中的意群分割问题。

从最广泛的意义上讲，意群分割可以包括更为细致的语元划分，对口语尤其如此。比如，语音识别、语素确认、语词切分、语句成分分析、语句断读、篇章分析等，都是不同尺度的语元分割问题。但对于现代书面语而言，由于语句和章节都有明显的书写界符，如缩进、换行、标点符号等，不同尺度的语元分割变得相对简单。

在我国古代，文言文不用标点符号，句读成为断句破文的重要技巧。例如，从前有一老汉老年得子，担心死后女婿抢夺儿子的家产。于是这位老汉留下遗嘱：“老汉八十生一子，人云非是我子也，家产事业均属予女婿，外人不得争执。”待儿子长大后，他按照老汉临终前的嘱咐，到官府告状说遗嘱原意是：“老汉八十生一子，人云非，是我子也；家产事业均属予，女婿外人不得争执。”结果老汉的儿子终于要回了应由自己继承的遗产。

如果利用现代汉语丰富的标点符号来解读古代诗词，那么会引出更有意思的结果。比如唐代诗人杜牧的《清明》，原是一首七绝诗：

清明时节雨纷纷，路上行人欲断魂。
借问酒家何处有，牧童遥指杏花村。

改变句读，则可形成一首散词：

清明时节雨，
纷纷路上行人，
欲断魂。
借问酒家何处？
有牧童，
遥指杏花村。

更有甚者，当你可以毫无节制地引入各种标点符号时，又可变其为一则微型戏剧：

[清明时节][雨纷纷]
[路上]
行人（欲断魂）：借问酒家何处有？
牧童（遥指）：杏花村！

可见，句读在语句标注中具有重要地位。

其实，不仅在古代汉语意群分割中这种多重性解读十分普遍，而且在现代汉语中照样也存在相同的多重性解读问题。比如，当你处理的是语词分割问题，由于再也没有标点符号和空格可资利用，这也会存在多重性歧义问题。特别是，原则上不同尺度意群分割之间存在着非常相似的规律，因此这种歧义性分割问题也是十分普遍的现象。

这里，意群不同尺度分割的相似性指的是，不同尺度语元构造为更大语元时所表现的在构造原则上的一致性。英国作家斯威夫特（Jonathan Swift）形象地用诗歌[17]来比喻这种跨越尺度的自相似性规律：

> 学者观察惟仔细，蚤身复有小蚤栖；
> 小蚤之血微蚤啖，循环无穷不止息。

实际上，这样的认识在我国语言学家朱德熙的《语法答问》中早就有过明确的论述。朱德熙认为，汉语句子的构造原则与词组的构造原则基本上是一致的。因此，他明确提出了以语词为基点的语法体系，即小句语法体系。对于意群分割问题，这就意味着只要能够解决语词切分问题，就能够打下语法分析的基础，而其他尺度上的意群分割，也就可以通过语词意群的语法组合和语境制约来实现。

遗憾的是，有时汉字角色的确定还会依赖更高层次意义的理解，只有在理解了整个语句之后才能够确定语词的分割。因此，由于更高层意义的理解反过来无疑又要依赖于分割好的语词，于是就有一个语词分割与语句整体意义理解相互依存的问题。如果在这一基础上，再考虑跨层次相互作用问题，那么意群分割看似一个小问题，实际却是动一发牵全身的大问题，甚至与整个语篇的理解密不可分。

中国北宋思想家张载在《正蒙·诚明》中指出："是故立必俱立，知必周知，爱必兼爱，成不独成。"[18]讲的正是这个意思。无独有偶，美国生态学家奥德姆在《生态学基础》中指出："有必要强调：任何一个层面上的发现都有助于另一个层面上的研究，但绝不能完全解释那一层面发生的现象。当某个人目光短浅时，我们可能会说他是'只见树木，不见树林'。或许，阐明这种观点的更好的方法是说，要理解一棵树，就必须研究树所构成的树林和构成树的细胞和组织。"[19]奥德姆这里讲的也是这个意思。

或许对于意群分割也是如此，要完成语词的切分，除了要考虑构成语词的汉字外，同样也要考虑语词所构成的语句，甚至语篇。特别是语词的语义是一种变量，随上下文变化而变化。因此，即使能够完成语词的切分，语词意义变量的取值，也只能通过语境中意群之间的相互作用来确定。

其实，对语词意义的这种认识早就为成熟的语言学家所强调。英国语言学家罗宾斯（R.H. Robins）在《普通语言学概论》中就指出："在某种程度上说，大多数词的意义和用法，是受另一些词在语言中的存在或可用性制约的，这些词的语义功能在某一个或某几个方面跟同一环境或文化相联系。"[20]

于是，想要解决意群分割问题，我们就离不开意义的整合问题；而意义的整合问题，反过来又以意群分割为基础。在语言理解的机器实现研究中，为了避免这种无谓循环，往往在一种初步的意群分割之后，再考虑面向意义的句法分析。这也是目前大多数自然语言处理的主要策略。也就是说，我们需要归纳遣词造句的规则以重构语句结构，从而理解语句意义。

## 遣词造句的规则分析

如果说意群分割是一种自下而上的理解步骤，那么句法分析便是一种自上而下的理解步骤。两种步骤相互补充递进，也许就可以在某种程度上突破那种“无谓循环”的桎梏，走出语言理解的困境。那么，机器又是如何利用遣词造句的规则来进行句法分析的呢？

美国科学家威廉·卡尔文在《大脑如何思维》一书中引用杰肯道夫的话指出：“为了使我们能说和听懂新的句子，我们的头脑中必须贮存的不光是我们语言的词汇，而且还得有我们所用语言的可能句型。这些句型所描述的，不仅是词的组合形式，而且也是词组的组合形式。语言学家认为这些形式是记忆中贮存的语言规则。人们把所有这些规则的组合称为语言的思维语法，或简称语法。”[21]

其实，早在20世纪50年代末，美国语言学家诺姆·乔姆斯基就注意到了语言遣词造句的规律性，提出了一种生成句法理论。随后理论不断完善，乔姆斯基最终构造了语言的转换生成语法理论。依据这一理论，后来的一些语言学家又做了改进，提出了各种更好反映语言规律的语法理论。所有这些语法理论的核心思想都认为语言的语句是可以通过有限规则来产生的，这就为机器分析语言的语句奠定了理论基础。

也就是说，语言遣词造句必须遵循一定的规则。一个语言所有规则的总和就是该语言的语法。诚然，对于表达十分简单的意思，如“你”“走开”，不管你用“走开你”，还是“你走开”，都不会影响传达正确的意思。但对于大多数复杂的语句，同样一组语词，使用不同的组合规则，就会产生不同的意思。

据说古代有一位主考官要为三位不学无术的考生的试卷下评语，上司责令必须分出名次。于是主考官根据成绩不良的程度不同，分别写了“放狗屁”“狗放屁”和“放屁狗”三个评语呈报上司。上司看了大惑不解，便询问道：这如何见出名次先后？主考官不慌不忙地向上司解释道：第一名“放狗屁”，是人偶尔放了个狗屁，尚可；第二名“狗放屁”，已不是人了，稍差；第三名“放屁狗”，专门放屁的狗，极恶！你看，同样都用了“放”“屁”“狗”三个词，不同的组合，意义却大相径庭。可见，遣词造句规则或语法是多么重要。

事实上，遣词造句规则不仅仅能使我们造出符合所要表达意义的语句，更重要的是它能说明，我们仅通过规则就能造出无限多的语句。例如，就拿“我们可以使用有限规则来产生无限多语句”这句话来讲，我们无须改变语句的组合规则，仅通过替代等值语词，就可以产生许多新的语句，比如“**他们**可以使用有限规则来产生无限多语句”“**你们**可以使用有限规则来产生无限多语句”“我们可以使用**若干**规则来产生**许多**语句”，等等。

在遣词造句上，体现语法规则有三个基本机制，即替代性、选择性和递归性。替代性是指，在一部分词语产生之中，我们可以把某条规则运用到另一条规则中，使语句的生成得以组合进行。选择性则是指我们在产生语句时可以挑选不同的规则或语词来进行。最后，递归性则是指规则自身可以在规则内部重叠使用。

要注意，语言的递归机制，重要的方面不仅在符号连接的自我引用，还在于语言组合机制本身所具有的跨层次自相似性。像“他在书房”→“他在书房里”→“他在书房里看书”→“他在书房里看书的样子很好看”，正体现了这种递归嵌套“堆砌”的复杂规律。

我国语言学家朱德熙在《语法讲义》中就指出：“实际上句法结构可以很长很复杂。因为结构的基本类型虽然很有限，可是每一种结构都可以包孕与它自身类型或不同类型的结构。这些包孕的结构本身又可以包孕与它自己同类型或不同类型的结构。这样一层套一层，结构也就越来越复杂了。”[22] 这里其实指的就是句法结构的递归嵌套性。语句套语句就像图 2.4 给出的《鱼和鳞》一样，鱼中有鱼，大鱼以小鱼作其鳞而构成，小鱼又有其自己的微鱼作鳞。

图 2.4 《鱼和鳞》(艾舍尔作，木刻，1959)

试比较语句“袭人催他去见贾母”中三层递进：“袭人催他”→“袭人催他去”→“袭人催他去见贾母”这一结构，正是《鱼和鳞》在语言上的翻版。利用这种语言造句规律，美国哲学家奎因甚至命名了一种“扤揑句”，将一个语句后接自身来产生新的语句。例如：

“这句话有七个字”这句话有七个字

就是将“这句话有七个字”经过一次“扤揑”后得到的新语句。当然要使扤揑后的语句有意义，你就不能无限制地使用这种“扤揑”造句法。至于像“被扤揑时得到假句子”被扤揑时得到假句子，不管你扤揑它多少次都有意义。

对于机器，一件事情越是有规律可循、井然有序，就越容易做形式处理。反之，如果一件事情毫无规律可言，显得杂乱无章，难以形式化，那么机器就会无从下手。因此，对于语言理解而言，发现句法规则、组织句法规则并高效地运用句法规则去分析语句的结构，就成为关键的工作。现在，依靠语言的替代性、选择性和递归性，我们无疑就使机器在语言的形式化句法分析方面有了用武之地。

不过，有一利也必有一弊。句法分析可以依靠替代性、选择性和递归性来实现对无穷多语句的分析理解；但也正是这些特点，往往会导致出一些不良的结果。比如，为了使“白菜咬狗”这样的语句不能通过句法分析，在形式句法分析中，你就必须增加某种属性的一致性要求。比如，“A 咬 B”中的“A”与“咬”必须满足齿咬性。但如果你真的增加了这种规则，那么你的句法分析也就存在局限性。此时你就会发现，在童话故事里拟人化的“白菜咬狗”，就无法通过句法分析了。

诚然，根据转换生成语法理论，只要事先构造好所有遣词造句的句法规则，分析构造合乎语言形式规范的语句结构不是一件难事。但如果要进一步考虑语义和语用效果，那么靠形式化规则分析方法则远远不够。因为对于语言而言，就意义表述上，任何规则都有例外。如果不考虑特定条件的话，句法分析根本做不到一致完备性。因为遣词造句的规律只是语言可归约化部分，但除了规律性之外，还有大量的随机语言现象不可归约化。它们来自语言的活用，并且这种活用还具有自更新机制。一句话，或许对于语言的形式分析，就根本不存在完备的句法规则集可以适用于全部语句结构的分析。

除去语言的那些随机活用现象不论，对于可归约化部分的语句，我们又是如何面向语义来进行句法分析的呢？这就要通过语句中语词关系的分析，建立起语词之间的各种语义联系。比如在“我开门”中，“我”是“开”的实施者，“门”是“开”的被实施者。在这个简单句子的理解中，只有建立起“我”“门”和“开”之间这种正确的语义关系，你才能够真正理解这一句子的意义。显然，这种建立语义联系进而理解句子意义，是每一个使用与掌握语言的人所具备的基本能力。

英国语言学家利奇指出：“如果我们说，一个人能从语义上区分异常的句子和有意义的句子是他懂得自己语言中意义规则的表现，那么我们所依赖的正是意义领域中的这种能力。”[23] 也就是说，语句的句法分析也必须面向语义，其目的在于通过将语句的形式和语词的形式归入恰当的结构、类别和语法范畴，对这些形式做出语义解释。

目前，中心词驱动语义分析方法的理论越来越成熟。神经生物学家卡尔文为了形象地说明这种思想下的句法分析，在《大脑如何思维》一书中，专门设计了一种“语言升降机”[24]。这种“升降机”将句法结构和语义结构以一种算法的形式结合起来进行运转。用这种“升降机”分析语句时，首先要将各种语句成分装箱。为了能对付语言的嵌套递归，可以采用箱套箱的办法来装箱。当所有的语句成分全部装箱完毕，就用以动词为支点的一个真空升降机来提吊整个语句。

在这种“升降机”里，不同的动词对应于不同类型的真空升降机。一旦用选定的真空升降机将被分析的语句整个地提起时，该真空升降机所对应的动词支点及其全部手柄，就决定了该语句的语义结构。由于真空升降机由真空抓吸箱子，因此只要有一处缺失应有的箱子，整个升降机就会泄气。这样一来，升降机就形不成真空，装箱语句就提吊不起来。只要升降机提吊失败，就说明语句不是需要改装分析，而是不合语法。

面向语义的语句分析和理解方法，能够有效地解决从语句句法形式到语义结构形式的转换。但有时我们发现有些语句尽管违反了规则，但仍能理解它们。对于这种情况，显然靠这种规则性成分分析是无济于事的。另外，如何确定中心词选择问题本身会再一次将我们卷进“先有鸡还是先有蛋”的悖论之中。不过，值得庆幸的是，我们起码在一定范围内可以让机器在语言理解中显显身手了。

## 语境中的歧义消解

对于严格的形式语言，我们可以很容易借助机器实现不同语言之间的相互转换，这是机器的拿手好戏。因此，只要自然语言的语句含义是无歧义的，我们就可以让机器获得自然语言语句的语义。比如，可以设计一种表示语义的形式描述语言（比如某种类型论内涵逻辑系统），其满足无歧义性，具有齐全的解释规则和推理规则，我们就可以用来确切地表述给定自然语言语句的语义描述。但事实上，没有哪种自然语言不存在歧义现象，甚至可以说歧义现象是自然语言的一种固有属性。因此，要想解决语句的语义分析，从而可以用形式语言来描述自然语言语句的语义，就不可避免地要解决语言的歧义消解问题。

在人们日常语言的使用中，语言的歧义现象不仅不是一种坏事，反而往往还是一种丰富语言表达手段的积极因素。我国语言学家朱德熙就指出："一种语言语法系统里的错综复杂和精细微妙之处往往在歧义现象里得到反映。因此，分析歧义现象会给我们许多有益的启示，使我们对语法现象的观察和分析更加深入。"[25]

学者袁行霈在《中国诗歌艺术研究》中甚至还认为："（在诗歌里）恰恰要避免词义的单一化，总是尽可能使词语带上多种意义，以造成广泛的联想，取得多义的效果。"[26]就连以强调理性著称的德国哲学家康德也认识到："人类生活中不能没有模糊语言。不可能处处用精确的语言代替模糊语言。模糊观念比清晰观念，更富有表现力。"[27]

可见，在机器的语言理解研究中，不仅不能忽视或回避语言的歧义现象，而且还应将歧义现象的研究和处理作为更重要的课题。因此可以说，如果对语言歧义现象没有全面深刻的认识和把握，想实现自然语言的机器理解是不可能的。

通常，语言歧义的表现形式有三类：模糊、双关和选择。模糊歧义是指语言表达内容时含糊不清而造成的歧义。模糊歧义往往是说写作者连自己也不能明确所要表述的观念为何，或者是因无谓的同义反复、无益的语词矛盾或明显的语焉不详所致。例如：（1）“狗给狼吃了”（到底谁吃了谁？）；（2）“明天晴天，别忘了带雨伞！”（晴天带雨伞，莫名其妙）；（3）“那怎么成呀！那怎么成呀！那怎么成呀！”（什么怎么成？）；以及（4）“王守信全家红”（是得彩了呢，还是成了红人？）之类，都是模糊歧义的例子。

对含糊语言的理解，有时会导致一种哲理性悖论式的体验。例如，无论是“抽象知觉并非建立在完形原则之上的”还是“抽象知觉确实是建立在完形原则之上的”，仔细品味，你都可以获得某种哲理性的启示，似乎其中多少都隐藏着某种“真知灼见”。但这两句话本身却是对立的。之所以出现这种现象，问题恐怕就出在“抽象知觉”的含糊性之上。

双关歧义则是指有多种意义的同时关联，融合成为或暗有所指、或一箭双雕、或蕴意深刻等效果的言辞表述。例如，推销皮鞋油的说：“一流产品，为足下争光”、情人的“藕断丝连”、歇后语“竹篮子打水（暗指一场空）”，等等。

选择歧义与双关和模糊歧义都不同，指的是语言中有多种明确独立且相互排斥的意义可供选择，每种选择的意义并不模糊。例如：（1）“我们三个一组”（要么是“我们｜三个一组”，要么是“我们三个｜一组”）；（2）“女子理发店”（要么是“为女子理发的店”，要么是“女子开的理发店”）；（3）“有的作品写年轻的妻子死了丈夫发誓不再结婚”（要么是“丈夫死了，妻子发誓”，要么是“妻子死了，丈夫发誓”）；以及（4）“白头翁死了”（要么是人死了，要么是草死了，要么是鸟死了）之类。选择歧义的语句有多种意义可供选择，选择了一种就排除了其他可能的选择，而每种选择的意义又都明确无误。

能够左右歧义确认的外界条件主要是语境。因此，对歧义语句的理解，仅靠句子本身的结构成分及其组合意义是不够的，需要联系语境才能把握其正确意义。为了使机器也能够进行歧义消解工作，就必须有一种强调语境条件的语义分析方法。美国语言学家巴维斯（J. Barwise）和佩里（J. Perry）提出的情境语义学就是基于这种要求而产生的一种语义分析方法[28]。与传统语义的解释模式相比，该方法强调的正是语境条件的参与。这样对语句的理解就不仅仅是“意义表达”本身，而是“意义表达”与给定语境条件相结合的结果。

用语境条件下的语义解释模式，可以处理机器理解歧义语句中非模糊类的歧义问题。方法是对每种可能的歧义理解分别用逻辑表达式表示，然后将多种歧义理解的逻辑表达式形成“与”（代表双关歧义）“或”（代表选择歧义）联式，最后利用语境条件式来推演，取联式真假值为真的某个逻辑表达子式为其理解结果。如果结果为真的子式不唯一，则表示在此语境条件下也不能完成歧义消解。

就语境条件式而言，可用于消解歧义的因素是多方面的。按照吕叔湘研究的结果[29]，大体上可以包括五种：（1）语音因素，（2）上文因素，（3）下文因素，（4）语言环境，（5）文化背景。我们分别举例说明如下。

（1）在“我想起来了”中“想”字重读时表示“想起某事”，而轻读时表示“想起床了”。这是语音起到的消歧作用。

（2）在“我们三个一组”中，如果上文有问“你们几个一组？”，那么其表示“我们 | 三个一组”；如果上文有问“你跟谁一组？”，那么其表示“我们三个 | 一组”。这是上文起到的消歧作用。

（3）在“赵大姐下放到村子里不过几天，许多人还不认得”中，如果下文有“连这位学员的名字也还记不清”，那么就是指“赵大姐不认得许多人”；否则可能就是“许多人不认得赵大姐”的意思了。这是下文起到的消歧作用。

（4）在“鸡不吃了”中，如果是人们吃饭时说的，那是指“人不吃鸡了”；如果是在养鸡场里说的，那是指“鸡不吃食了”。这是语言环境所起到的消歧作用。

（5）在“今年游行，女同志一律不准穿裤子”中，根据社会文化习俗约定，当然指是要“穿裙子”，而不至于是“光身子游行”。这便是文化习俗背景所起到的消歧作用。

不过，语境消歧有一定限度。我们常常将歧义语元能够确定其意义的语境，称为该歧义语元的自足语境。这样我们就会发现，有些歧义语元常常不存在确切的自足语境。特别是由于任意语元都可能具有歧义，只要提供特定的语境就可使这种潜在含义显现出来。这样一来，即使通过语境确定歧义性，我们照样还可以设置更大的语境，使其消失的歧义再现出来。

总之，语言意义的不确定性、对语境的敏感性，是自然语言最重要的功能表现。在诸种语言因素相互作用的过程中，不同语境条件相互制约，必然会产生互相冲突的歧义现象。言传与意会之间、思想与现实之间以及语言表达能力与表达内容认识之间等的不一致性，都会成为歧义产生的源泉，甚至我们还会有意地利用歧义现象来表达特定场合下的思想和情感，以达到一定的语用交际目的。

有时歧义语言也是意义新奇性产生的温床。正如埃里克·詹奇在《自组织的宇宙观》中描写不可预见性是新奇性的源泉那样：“两人陷入热恋之中时，对方就显得深奥莫测了。我甚至要进一步主张，正是一个人的不可穷尽性，或者也许更确切地说是人与人关系的不可穷尽性，或者换句话说是新奇性的源泉，在很大程度上构成了爱的本性。……如果一个人显得是完全可预见的，也就是我们的期待完全是确立的，爱也就枯萎了。”[30]

如同热恋一样，语言歧义性的不可预见性也正是语言无穷魅力之所在。一语多义并非灾祸，而是一笔巨大的财富。当然，大多数歧义是可以通过语言的或主观的语境条件来消除的，这也是人类语言理解能力最有效、最基本的机制之一。

因此，对于语言理解的机器实现而言，重要的不是寻找语境来消除语言的歧义，而是要在给定的语境中理解歧义的语言。自然语言的理解，说到底就是一种解释，将歧义的语句通过语境条件作用得出其尽可能确定的意义，或者同时保留多种关联或选择的意义，并用机器可以严格无歧义处理的形式加以表述。

## 意义的主观解释

对语言的理解涉及智力的许多方面，从前面的讨论中得知，它起码包括：分词断句，按照语法分割意群，再将意群组合成句，消解存在的歧义，并推测各段陈述间的关联意义。但做到这些还不够，你还需要保持良好的记忆。你必须通过前后内容的记忆加工，推测作者或演讲者的意图。此时就会涉及主观性意义理解问题了。

语言理解是一个十分复杂的问题，任何局限于句法分析或逻辑描述的解决方案都不全面。因为语言的意义理解不仅仅是一个客观的过程，更主要的是一个自始至终都有主观心理参与的过程。或者说，在任何语言片段的理解过程中，要将其构成一致连贯的意义整体，都需要从某个立场或观点出发。正因为这样，语言的理解便离不开解读者主观心理以及主体知识结构的参与。所以，理解也是一种再创造活动，是一定主观参与之下的某种“误解”。

很显然，对语言的精确理解必定意味着听话者必须处于说话者相同的心理状态之中，但这是一个涉及他人心智的不可解问题。实际上对作品的理解不可能也没必要与作者的初衷完全相同。因为如果真的完全一致了，也就意味着读者要具有与作者完全一致的语言产生意图。问题是，既然有了完全一致的意图，交流也就成为完全多余的了，阅读理解也就不再必要了。应该承认，误解也是一种理解，尽管这种理解有时会有背离原旨的危险。

打个不是很贴切的比方，语言理解就好比观看图案，其中误解就好比观看图案时会产生的错觉。在视觉错觉中，尽管得到的往往并非真实的反映，但有时错误的理解也很有意义。即使对图案的无错觉观看，原则上讲，也都或多或少带有某种主观色彩的“歪曲”，因此都具有某种“错觉”效应。因此，在语言理解中，“误解”反而是正常的，精确再现原旨只是“误解”的一种特例而已。

当然，主观心理对意义的理解作用还不仅仅体现在误解之上。有时我们在理解语言时，对于语词中显露出的意义真空，还会主观地漫为填补，甚至蓄意夸张，使原有的意义迅速膨胀起来。美国神经生物学家卡尔文在《大脑如何思维》中形象地说明了这种现象：“当我们只是隐约听见什么时，我们总是用猜测把细节填满。在风中吱吱作响的窗户，听起来也挺像你的小狗在向你发出要食的哀鸣，从而使你以为听到小狗的叫声。一旦这种记忆被唤醒，真实的声音可能很难重现——由记忆填满的细节变成了所感知的现实。”[31] 这种主观意义的膨胀现象就像水面上的涟漪，一圈接一圈，有时会达到令人难以置信的地步。

法国学者卡普费雷在其《谣言》一书中提到歪曲报道的现象，充分说明了主观上对意义漫为填补的问题。这个歪曲报道事件说的是，在第一次世界大战期间，有一篇报道被一系列转载时发生的添油加醋的故事[32]。起先是德国报纸《科隆新闻》独家报道了德军攻陷比利时安特卫普市的消息，它的标题是：“在宣布攻占安特卫普市时，人们让教堂敲响了钟声。”这条新闻被法国《晨报》转载后变成：“据《科隆新闻》报道，在堡垒被攻占时，安特卫普市的教士们被迫敲响了钟声。”《晨报》的这一消息又被伦敦的《泰晤士报》所转载：“据《晨报》来自德国科隆的消息报道，在安特卫普市被攻占时拒绝敲钟庆祝的比利时教士均被解除了职务。”这个消息的第四个版本出现在《锡拉快报》上：“据英国《泰晤士报》来自巴黎的报道，引用科隆的消息说，在安特卫普市被攻占时拒绝敲钟庆祝的不幸的教士均被判处苦役。”其后，《晨报》又重新转载了这个消息：“据《锡拉快报》转引自科隆和伦敦的消息证实，安特卫普市的野蛮的征服者对勇敢地拒绝敲钟庆祝的教士进行了惩罚，不幸的教士们被脑袋朝下倒吊在大钟上，就好像是活的钟锤似的。”

你看，从这则报道转载并被歪曲的过程中，其主观意向的漫为填补和捏造可见一斑。更为普遍的，在语言理解中反映这种主观心理能动性的还包括我们常说的那种“仁者见仁，智者见智”的现象。作为“见智见仁”的一种表现方式，恐怕又莫过于我们在理解语言时的“同语新义”现象了。所谓“同语新义”，是指同一个人在不同时候阅读同样语言内容时会获得不同的意义理解，具体可分为同义反复所产生的“同语新义”和同文重读所产生的“同语新义”两种情况。

同义反复的例子有“丁是丁，卯是卯”“孩子毕竟是孩子”“鼻子是鼻子、眼是眼的”以及反其道而用之的“鼻子不是鼻子，眼不是眼的”，等等。电影《篱笆、女人和狗》中的主题歌：“星星还是那个星星……”之类也属于此类情况。这种同义反复大凡都给人一种同语新义的感觉。可见，由于主观心理动态变化，同义反复也并非一概没有意义。

至于同文重读所产生的同语新义，文学评论家们都早有论述。清初金圣叹在《水浒》第三十五回总评中就指出：“若写宋江则不然：骤读之而全好，再读之而好劣相半，又再读之而好不胜劣，又卒读之而全劣无好矣。”[33] 现代文学批评家王冶秋在《“阿 Q 正传”——读书随笔》中也说到：“看第一遍：我们会笑得肚子痛；看第二遍：才咂出一点不是笑的成分；看第三、四遍：鄙弃化为同情；看第五遍：同情化为深思的眼泪；看第六遍：阿 Q 还是阿 Q；看第七遍：阿 Q 向自己身上扑来;看第八遍:合二为一;看第九遍:阿Q又一次化为你的亲戚故旧;看第十遍:扩大到你的左邻右舍;看第十一遍:扩大到全国;看第十二遍:甚至洋人的国土;看第十三遍:你觉得它是一个镜;看第十四遍:也许是警报器。"[34]这种一遍递进一层意义的理解过程,反映的正是语言解读中主观的参与性。

当然,有时心理意向往往还会被一种特定文化所"催眠",使得人们会按照一种文化通行的价值体系去理解语言内容。此时主观心理的主动性也就受到我们所处的社会文化所影响了。因此,确切地讲,任何意义的产生都离不开一定文化背景下的理解者参与,而作品解读的核心便是作者意图与读者理解相互作用的结果。应该说,语言的一切理解都是主观解释,而解释就是一种解释者积极参与的过程。

总之,在意义的解读过程中,涉及语言与解读者的相互作用问题。由于这种相互作用的结果的不可预测性和主观性,目前机器难以企及。必须清楚,基于规则驱动的语法计算模型难以处理语言不可约简部分的主观性,同样,基于数据驱动的统计计算模型也无法处理语言不可共性化的主观性。因此,指望机器像人一样去理解语言是不切合实际的。我们应该做的只能是尽可能利用形式描述的心理知识,并结合语言知识,基于某种认知机制驱动的计算模型,在更大的语篇范围中来进行自然语言理解。

## 语篇分析中的问题

语篇一般由多个语句构成,大一点的语篇甚至可以分章分节,或者分段。但对语篇的理解却不能将其简单地看作语句理解的简单累积。实际上语篇中句与句之间、段与段之间、章节之间都有着种种时空和因果联系。为行文紧缩方便，还有种种替代衔接等指代联系。所有这些联系，与句群一起共同构成了一个完整的语篇整体，表达一个主旨内容。

因此在语篇理解中，重要的不是对单个语句的理解和语义分析，而是要重构隐含在句群之间的各种时空和因果关系。具体地说，要通过消解指代、预设和隐喻等各种涉及连贯衔接联系，找寻并完成作为一个整体语篇的语义结构的重建和表述。当然，由于能够在更广泛的上下文中处理语言，这样的语篇分析的结果，反过来又会促进对单个语句理解的深化，从而更好地把握语言的整体意义。

为了能更好地说明语篇分析中会遇到的问题以及如何构建语句间的诸种联系，我们还是以许地山的一篇散文《鬼赞》为例（原载1922年5月《小说月报》第13卷第5号），给出其中全部的结构关系。

> 你们曾否在凄凉的月夜听过鬼赞？有一次，我独自在空山里走，除远处寒潭的鱼跃出水声略可听见以外，其余种种，都被月下的冷露幽闭住。我的衣服极其润湿，我两腿也走乏了。正要转回家中，不晓得怎样就经过一区死人的聚落。我因疲极，才坐在一个祭坛上少息。在那里，看见一群幽魂高矮不齐，从各坟墓里出来。他们仿佛没有看见我，都向着我所坐的地方走来。
>
> 他们从这墓走过那墓，一排排地走着，前头唱一句，后面应一句，和举行什么巡礼一样。我也不觉得害怕，但静静地坐在一

旁，听他们的唱和。

第一排唱："最有福的是谁？"

往下各排挨着次序应。

"是那曾用过视官，而今不能辨明暗的。"

"是那曾用过听官，而今不能辨声音的。"

"是那曾用过嗅官，而今不能辨香味的。"

"是那曾用过味官，而今不能辨苦甘的。"

"是那曾用过触官，而今不能辨粗细、冷暖的。"

各排应完，全体都唱："那弃绝一切感官的有福了！我们的骷髅有福了！"

第一排的幽魂又唱："我们的骷髅是该赞美的。我们要赞美我们的骷髅。"

领首的唱完，还是挨着次序一排排地应下去。

"我们赞美你，因为你哭的时候，再不流眼泪。"

"我们赞美你，因为你发怒的时候，再不发出紧急的气息。"

"我们赞美你，因为你悲哀的时候再不皱眉。"

"我们赞美你，因为你微笑的时候，再没有嘴唇遮住你的牙齿。"

"我们赞美你，因为你听见赞美的时候，再没有血液在你的脉里颤动。"

"我们赞美你，因为你不肯受时间的播弄。"

全体又唱："那弃绝一切感官的有福了！我们的骷髅有福了！"

他们把手举起来一同唱："人哪，你在当生、来生的时候，有泪就得尽量流；有声就得尽量唱；有苦就得尽量尝；有情就得尽量施；有欲就得尽量取；有事就得尽量成就。等到你疲劳、等到你歇息的时候，你就有福了！"

他们诵完这段，就各自分散。一时，山中睡不熟的云直望下压，远地的丘陵都给埋没了。我险些儿也迷了路途，幸而有断断续续的鱼跃出水声从寒潭那边传来，使我稍微认得归路。

首先我们来看文中贯穿一气的"语脉"是以群鬼歌唱赞歌为线索展开全文，反映的是一种空灵而又略带无奈的人生感叹。采用的叙述方法是按时序展开。整篇故事共分六个部分、二十二个自然段。第一部分只有一个自然段，是起始段，点明主题，叙述缘由。第二部分也只有一个自然段，属于过渡段，为叙述继续做好铺垫。第三部分有九个自然段，记录了鬼歌内容的第一部分。第四部分也有九个自然段，记录了鬼歌内容的第二部分。第五部分有两个自然段，记录了鬼歌内容的结束部分。最后，第六部分只有一个自然段，是全文的结尾。

语篇除了逻辑关系的意义间接衔接外，主要通过以作者和死者为中心的指代替换的一致性连贯来实现。在其结构和指代关系分析中，要特别注意的是，这里面"这段"属于元指代，指向正文段语言本身。

一般直接指向语言描述内容的指代我们称其为直接指代，例文中的"我"指"作者"，"你们"指"读者"，"他们"指"死者"；而间接指向语言描述内容的指代我们称其为间接指代，比如例文中以"死者"角度说出的"我们"指"死者"，"我们的"指"死者的"，"谁"

与“你”指“骷髅”,“你”指“人”等;第三种指代指向的是语言本身,这样的指代便称为元指代。在语篇中,特别是大的语篇中,元指代是普遍存在的,像“本文……”“上文……”“前面我们论述了……”“这个字写错了”“上节……”等。此时由于所指的内容是正文本身,因此在指代消解时会涉及语篇结构中的实体,这一点在指代消解中应特别注意。

除了语篇的结构关系和指代关系分析外,在语篇分析中还必须分析每个段落进行语句之间的结构关系。只有这样,才能利用已有的语句理解方法,在语句的基础上实现语篇语义结构的完整表示。图 2.5 给出的是正文中第一段落的语句结构关系。其他段落可以类推进行这样的分析。

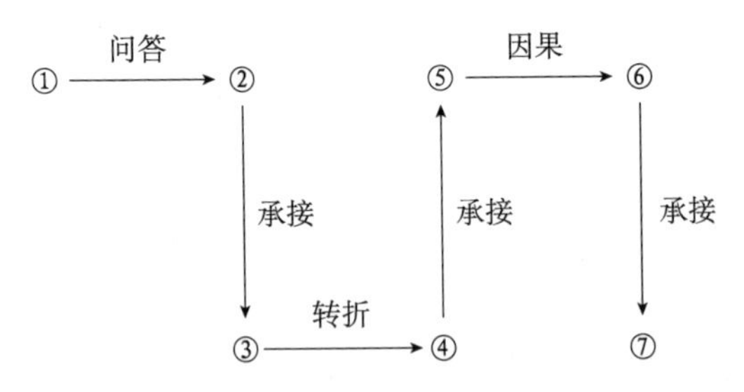


图 2.5 语篇实例中首段语句关系分析

当我们建立了全部语篇中语句关系及其段落间的关系,就可以采用语句理解的句法分析方法或逻辑语义方法,建立全部语句语义结构。至于预设和隐喻的理解,则涉及更为复杂的意义领悟问题,我们下面专门讨论。现在单以语篇语义结构的构建而言,在上述分析的基础上,通过语篇上下文利用和优化,我们便可获得整个语篇的最终语义结构。这也是目前机器所能够进行语篇自动分析的一般思路。

## 超然言外的意义领悟

把握语言中的意义，对于掌握一种语言技巧的人们而言，是一件轻而易举的事。尽管有时我们也会被那些晦涩难懂、莫名其妙的话语弄得不知所措，但日常生活中通常意义下的语言理解是绝对没有疑问的。那么，这一理解过程又是如何实现的呢？

语言理解首先是一个涉及文化、心理和语言的多层次意义解读问题，就语言本身而言，意义的解读又可以分为语言的框架意义、语言的外在意义和语言的内在意义三个方面。框架意义是指我们使用什么语言编码系统去解读的问题。比如，由汉语给出的话语，只有选择汉语解读系统，才能够理解其中的内容。语言的外在意义则是指一旦确定了解读语言系统，你又如何熟练运用这一语言系统去解读所体会出来的意义。因为对语言理解本身必然也会受到语言固有思维习惯、定式、语言或元语言熟练运用程度等因素的影响，这便是外在意义强调的意义所在。

语言的内在意义则是语言本身所传递的内容，一般可以进一步分言上之义（明言）和言下之意（暗喻）两种。刘知几在《史通通释·叙事》中指出："然章句之言，有显有晦。显也者，繁词缛说，理尽于篇中；晦也者，省字约文，事溢于句外。"[35] 刘知几这里讲的就是这两种内在意义的区分。例如，钱锺书《围城》中的"也许男人跟男人在一起像一群刺猬，男人跟女人在一起像——鸿渐想不出像什么，翻开笔记来准备明天的功课”。[36]这里“男人跟男人在一起像一群刺猬”是明言，而“男人跟女人在一起像——”则是要靠读者去推测的句外之意，晦暗不明。

然后，从语言构成上看，语言理解又涉及不同尺度语元的构成与分解的关系。也就是说，语篇由语句构成，语句又由语词构成，语词又由语素构成。在这构成之中，复合意义似乎并非由成分意义的简单相加而获得，而是会显现原来各成分意义并不具备的新的意义。

如果把非直接源于成分意义的复合意义部分称为复合中显现的意义，那么显现的意义往往就是成分意义之间相辅相成、相克相生等相互作用的结果。这里面似乎反映了语言理解的这样一种原则：在各个尺度上，整体意义不仅依赖其成分意义的复合，成分意义的确定也同样依赖合成的整体意义。

例如，“不治而亡”与“不辞而别”，都有一个“不”字且都是“不A而B”结构形式，但同一个“不”在不同的结构整体中的含义却大不相同。此时应该看到，语言的含义尽管可以依靠一定的形合规则来描述，但从意义的理解规律上讲，语言的含义却超然于形合之上而体现意合原则。

所谓意合，指的是语句或语篇的理解机制主要是由构成语句或语篇的语元意义相互映衬、相互制约以及相互影响而引发的一种自展性显现，意义便在这种自展显现中涌现。这完全是一种意群整体相互作用的结果，因此语言理解过程是大脑的一种多尺度、跨层次的意群动力学过程。这就意味着，要么整个解决理解过程中的全部问题，要么压根就连语素意义的动态确认也无法解决。

具体地说，就意义分割与意义整合这一层次而言，理解过程涉及如下两个方面，且相辅相成：一方面，意义分割由反映整体意义的整合结果所支配，只有在整体意义之中，分割出来的意群才有意义；另一方面，整体意义的整合由意义分割的全体部分及其关系确定，没有了意群作基础，也就不会产生整体意义。必须注意，构成的整体意义制约着整体中每个部分的意义，这些受制约的部分意义本身也对整体意义做出贡献。也就是说，整体意义离不开部分意义的整合，而部分意义也只有在整体意义中才起作用。

如果再考虑到跨层次的相互制约关系，那么这种情形就很像生态系统中生境与生命之间的多尺度、跨层次的自适应发展。正如美国作者米歇尔·沃尔德罗普所说："最后一点，复杂的适应性系统总是会有很多小生境，每一个这样的小生境都可以被一个能够使自己适应在其间发展的作用者所利用。……而且，每一个作用者填入一个小生境的同时又打开了更多的小生境，这就为新的寄生物、新的掠奇者、新的被捕食者和新的共生者打开了更多的生存空间。"[37] 当你将"语境"理解为"语义生境"，而将"作用者""共生者""寄生物""掠奇者""被捕食者"看作各种起着竞争与合作作用的主客观意义单元，那么就完全可以用此描述来刻画发生在意群动力学过程中的情形。

确实，在语言理解中，自上而下和自下而上两个方面是同时进行的。用美国思想家埃里克·詹奇的话讲就是："演化在宏观世界和微观世界同时地、相互依赖地形成结构的意义上进行着。复杂性来自分化和综合过程的相互渗透，来自同时自上而下和自下而上进行的过程的相互结合，它们从两方面造就了等级层次。"[38] 在这里，正是这种双向作用（个性意义将要共性化，而共性意义将要个性化）使整体意义变得充实丰满。

这就意味着，以前我们简单地将意义理解看作复合原理（指弗雷格的那种逻辑意义复合律）支配下的简化论过程是不完全的。就像李幼蒸在《理论符号学导论》中强调的：“因为任何语言单位只能参照于较高层级时才被理解。最小的完整意义的载体是句子，而句子不是其组成字词词义的机械和。即意义是由诸单元在话语整体结构中的关系确定的。”[39]

例如，像《水浒传》第61回中用到的词语“光前绝后”[40]，金圣叹在评点中指出，将“绝”换成“耀”就成为“光前耀后”。此时“绝”位上的语义变动也同时引起了“光”位上语义的转变。这种语境中意义关联性的相互影响，显然不满足意义复合律。因为复合律认为，整体意义由各成分意义的组合决定，各成分意义之间并非相对独立。

不过，当我们强调这种语义与语境的相互依存性，也会带来一种称为解释学循环悖论的危险。结果就是，一个构成意义不涉及所有其他意元就无法给出确认，而其他意元的确认反过来又依赖这一个构成意义，等等。这样转来转去，就构成了一个永无止境的循环。

问题果真如此吗？回答显然是否定的。因为我们都实实在在可以正确理解各种语句或语篇意义，并没有陷入意义解释的循环之中。那么，导致这种假象的原因又何在呢？实际上，我们忽略了一个事实：在这种相互依存、相互作用的过程中，有一种十分重要的自展机制。关于这一点，美国神经生物学家卡尔文却有着清醒、独到的认识：

“对于精神的机械论的研究方式长期以来一直缺少一种至关重要的机制，即自展机制。”[41]

实际上，语言的运用就在于可以对事物本性进行一种展示，在这展示中并非一定需要逻辑上的一致性。人们通过语言展示出事物的意义，即那个说话人心目中的“事物意义”。在展示过程中，通过跨层次，几乎可以一遍又一遍地递进展开所要表述的最终意思，这也成为常见的语言现象。

从这个角度上讲，那些在语言运用中的矛盾语词、同义反复、递归引用的意义循环也就是合理的表达手段了。由于我们的概念都建立在层层叠叠的思维之上，这就要求语言描述的意义也要通过层层叠叠的展开来达成。在层层展示中，每一次递进，哪怕是意义重复的递进，都是在不同的意义上或语境中的递进或意义重复递归。此时先前的引用不但给出了当时的意义表述，同时也为以后再次引用时的新语境的形成做出了贡献。这样，在一定语境上的展示和展示语境的更新同时递进，使得因为语境的发展，即使是同义反复中的“同语新义”也能成为可能，更不用说一般语篇理解中展示意义获取的过程了。

对语言理解更高的要求是，机器要能够对理解的内容下一转语，给出其引申或隐喻的另外一种说法。典型的下转语的例子可以在这么一则禅宗公案中见到[42]：

（百丈）师每上堂，有一老人随众听法。一日众退，唯老人不去。师问：“汝是何人？”老人曰：“某非人也。于过去迦叶

> 佛时，曾住此山，因学人问：‘大修行人还落因果也无？’某对云：‘不落因果’。遂五百生堕野狐身，今请和尚代一转语，贵脱野狐身。”师曰：“汝问。”老人曰：“大修行人还落因果也无？”师曰：“不昧因果。”老人于言下大悟，作礼曰：“某已脱野狐身，住在山后。敢乞依亡僧律送。”师令维那白椎告众，食后送亡僧。

不知读者有没有从其中的“转语”中获得某种启悟？其实像这样的转语解读，在读《西游记》中某些隐含含义时也用得到。比如，《西游记》第一回写樵夫回答猴王打听神仙住处时说：“不远，不远。此山叫做灵台方寸山。山中有座斜月三星洞。”明代李卓吾在评点时指出：“灵台方寸，心也，斜月像一勾，三星像三点，也是心。言学仙不必在远，只在此心。”[43] 这便是李卓吾领悟《西游记》原旨而下的转语。

我们常说，会读书的人善于把握书中的言外之意。我们之所以认为读书重要，也是指书中所阐述义理的重要。正所谓《庄子·天道》中所说的：“世之所贵道者书也，书不过语，语有贵也。语之所贵者意也，意有所随。意之所随者，不可以言传也，而世因贵言传书。”[44] 想要领悟这超然言外的意义，就需要有人生的体验。只有在细读人生大书之中，体会深刻，才能“意会”那些“言传”的不尽之意。

不过，不管言外之意多么深厚浑成、多么超然物外，毕竟都建立在语言之上。梅洛-庞蒂在其未完成的手稿《可见的与不可见的》中指明：“缄默的我思必定传达语言如何不是不可能的，但不能传达语言如何是可能的。问题依然是有关从知觉感向语言感，从行为向主题化的过渡。主题化本身肯定应该被理解为较高层次的行为——它与行为的关系是辩证的：语言通过打破沉默达到了沉默所意欲却不能得到的东西。”[45] 中国宋代禅师慧洪在《石门文字禅》卷二十五《题让和尚传》中也指出：“心之妙不可以语言传，而可以语言见。盖语言者，心之缘、道之标帜也。”[46]

例如《水浒传》第三十七回中有：“（张顺）撑着一只渔船赶将来，口里大骂道：‘千刀万剐的黑杀才，老爷怕你的不算好汉，走的不是好男子！’”[47] 俗话说，“听话听声，锣鼓听音”，其中的言下之意，实际上并不在“老爷怕你的不算好汉”，而全在“走的不是好男子”这一激将之上。人们能意会到这一点的却正是在这两句话一主一宾的对比之间。如果没有言语上的意义，那么言下之意也就不会产生。

言内意在表面的文字里，言外意在文字的背后。语言中的隐喻、潜台词、预设、双关、留白、借代、奇问等深层修辞现象，正是通过字面义来引导读者去想象、揣摩、悟解。用英语讲，语言的字面义说的是“What I am told”，而言下义则指的是“Why am I told this”。自然，这种机制也体现在语言的预设现象之中。

所谓预设（pre suppositions）是指语句具有被否定后仍然保留有意义的那种语言特点。例如，当说“你打孩子是错的”时，其预设就是“你已经打了孩子了”。因此，不管你是肯定还是否定这一命题，都会承认“你已经打孩子了。”

像预设这种靠会意才能得到其含义的语言现象，很难靠逻辑分析把握。通过言上意义来领悟其言下意义靠的往往是语感和经验式的直觉认识，甚至有时只有顿悟思维才能真正体会到超然言外的意义所在。因为，超然言外的意义往往不可以用语言明言。

确实，正像西方中世纪思想家阿奎那认为的那样：“借助于概念的类比特性，人具有意指上帝的语义能力。”[48] 瑞士学者奥特在《不可言说的言说》中也指出：“对象征的体验使我们获得对不可说的真实的体验。因为正是在象征之中并且通过象征，在我们之间实际产生了对语言界限彼岸的理解。”针对这种理解，他又进一步认为：“它们源自某种东西，并趋于某种东西，源自不可支配的真实，并趋于不可支配的真实。”[49]

为了把握这超然言外意义的真实性，我们可以把语言的不可言说，类比为天文学中的黑洞，将其看作是一种语言“黑洞”。它存在却看不见（不可言说），你只有通过可见物质（可言说的言辞）来测定这不可见的“黑洞”的存在。

美国天文学家西尔克在法国科学家卢米涅《黑洞》一书的英文版序中说：“黑洞是现代天文学的魔主。由于不可见，其存在尚难以被证实。然而它已经牢牢抓住了广大公众的想象力，没有任何别的天体取得过如此的成功。……从黑洞中逃脱是不可能的，那些落向黑洞的物质在我们眼前消失后很可能最终进入另一个分离的宇宙。”[50]

用这段话来比喻语言中的言外之意（如终极本体）的顿悟最贴切不过了。一旦你领悟了那奇妙的言下之意，你便进入另一种全新境界，打开的是通向全新境界的大门！不过，“靠近黑洞处的时空被不可抗拒地扭曲成漩涡状”[51]。因此，对于言外之意，随时都有歪曲理解的潜在可能，你千万要慎重。

德国思想家雅斯贝斯说过："语言终止之处，阐释便到尽头。阐释在沉默中完成。然而只有通过语言才可达到尽头。"[52] 于是，你只能将语言的言说看作某种象征，在这种象征中，通过种种思想冲突的感悟，理解才能实现。它能使我们突破语言的界限，并在语言终止之处表达思想。

那么，我们又如何描述这种多尺度、跨层次的自展过程，以便能够将超然言外的意义领悟落实到机器实现的层面上呢？很明显，这里面涉及的其实是一个非线性相互作用下意义自涌现的动力学自组织机制的实现问题。毫无疑问，就此而言，目前基于逻辑计算的机器仍一筹莫展。

第三章

# 智能游戏岂等闲

公元 1997 年，在国际象棋比赛中，美国 IBM 公司的“深蓝”（Deep Blue）智能系统战胜了世界国际象棋冠军加里·卡斯帕罗夫。2016 年，美国谷歌公司名下“深心”（Deep Mind）智能程序“阿尔法围棋”（AlphaGo）又战胜了世界围棋冠军韩国九段选手李世石。这两次事件，让民众对人工智能有了深切的了解。应该说在人工智能发展史上，没有比机器在智力游戏方面取得的骄人成就更加令人震惊了。当然，在震惊之余，人们不禁要问，机器是如何战胜人类最优秀的棋手的呢？这是否真的意味着人类将在机器面前丧失最后的优势呢？为了回答这些问题，让我们从简单智力游戏的机器求解说起。

## 从独立钻石棋说起

首先让我们来看一个具体的“独立钻石棋”智力游戏。这是一个人独自下棋的游戏，在有 33 个方格的棋盘上，共有 32 个棋子，如图 3.1 所示。棋子的移动规则为：一个棋子以竖直或水平方向跳过与其相邻的棋子且正好落于空位，然后就可以去掉那个被跳过的棋子（这一步骤称为吃子）。如果你通过不断运用这唯一的规则能将棋盘上的棋子吃剩到只有一个并且其刚好位于棋盘中央，那么就获胜。

那么，机器如何来解决这一智力问题呢？如果我们将走棋过程中出现的任何一种棋局当作一种问题求解状态，那么独立钻石棋的求解过程就可以用人工智能状态空间搜索的术语来解释。具体地说就是，问题求解的初始状态是棋盘上除了中央位置外全都置满棋子，如图 3.1（a）所示。问题求解的终结状态则刚好与初始状态相反，除了中央位置外，其余位置全都没有棋子。于是，独立钻石棋智力游戏要完成的任务就是运用唯一的走棋规则，设法找出从初始状态走到终结状态的完整步骤，即找出其间的全部中间状态。

这种解法的思路就是，我们将所有可能走出的棋局全部依次列出，然后寻找一条能够在两种设定棋局之间连接起来的路径。那么，这条路径所经过的棋局，依次串联起来就构成了沟通两种设定棋局转变的完整步骤。

如果我们将走棋规则转化为机器内部的形式规则，那么在求解过程中使用规则来解题的办法便遵循如下思路：从初始棋局状态开始，运用所有可以运用的规则（对于独立钻石棋而言，只有一条走棋规则，但原则上对于多条规则的智力问题，也同样适用），以便形成其全部可以产生的新状态，然后再对这些新状态重复同样的过程，直到不再有新的状态出现为止。

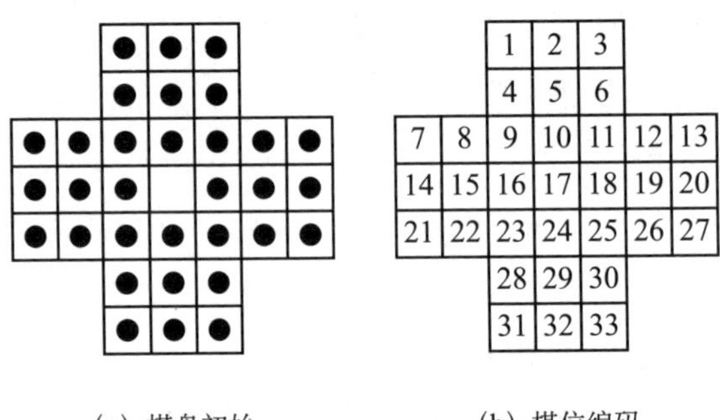


（a）棋盘初始　　（b）棋位编码

图 3.1　独立钻石棋

这样就形成了所有从初始棋局状态开始，运用规则所能产生的全体棋局状态及其递推关系，我们称其为问题的状态空间。如果状态空间中出现了终结棋局，那么从初始棋局到终结棋局的路径就构成了具体问题的一个解。当然，如果状态空间中有多条通向终结棋局的路径，那么就说明该问题有多个解。据此，机器便可以通过找出所有可能到达终结状态的棋局状态来完成独立钻石棋的求解问题。对于图 3.1 所给出的问题来说，图 3.2 中所标出的棋局便是满足走棋要求的、给出了这一问题求解状态空间的一个片段。

聪明的读者也许早已觉察到这种方法过于机械蠢笨，许多绝对不可能获胜的状态棋局，就根本没有必要去搜索。确实如此，机器在解决问题时，同人类解决问题时所采用的那种审时度势和灵活多变的原则大相径庭。我的一位学生第一次下这种独立钻石棋靠的就是直觉

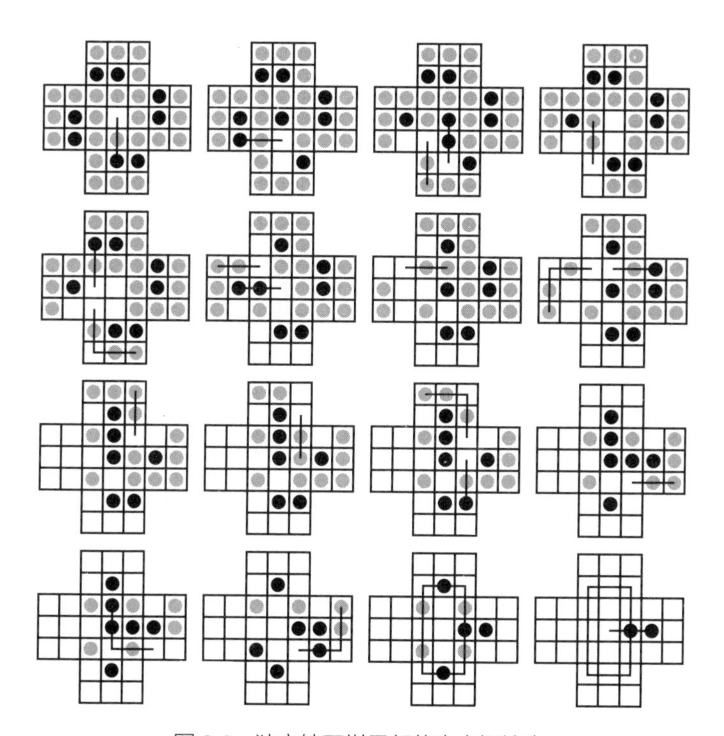

图 3.2　独立钻石棋局部状态空间搜索

判断和有方向地选择完成了问题的解。试想，如果这位学生采用这种机械的搜索方法，恐怕早就产生畏难情绪而放弃寻找通向成功的途径了。

当然，尽管机器有强大的搜索能力，但机器的计算速度总有限度。特别是对于搜索空间特别庞大的问题求解，如何避免不必要的计算搜索，也是机器要更好地解决实际问题所面临的课题。经过科学家们的研究，作为一种改进，原则上机器也可以变得稍许“聪明”一点：对于那些会落入死胡同的路径，机器根本就不去搜索。虽然这样做，机器仍难逃机械搜索的窠臼，但确实可以避免许多不必要的搜索。

为了做到这一点，在实际的机器算法实现中，对于任意一种棋局状态都先将其与终结状态进行比较，计算其间的差距；然后每次在向前生成新棋局状态时，只对最有希望（差距最小）的做进一步搜索发展。这样，机器就可以依次类推，直到遇到终结状态为止。只有在最佳棋局搜索发展失败时，才再去发展次佳棋局。如果为了保证不丢失正确的路径或多解的可能，则要求机器能够判断出每个棋局状态是否为无效棋局，而搜索只在有效棋局间展开，这样一来就可以避免大量不必要状态的试探。

用这种方法，需要有对所解问题本身的了解。在大量经验或知识的基础上，再来设计出能巧妙估算出当前棋局好坏标准的策略和方法。有了这样的保证，机器才能够更加有效地实现问题求解，最终照样可以获得成功的解。

对于独立钻石棋，你当然可以采用这种新思想进行问题求解。鉴于涉及的技术过于专业，我们就略去具体的算法，只给出用这种方法所得出的一个解：5D，12L，3D，1R，18U，3D，30U，27L，13D，24R，27L，10R，12D，26L，23R，18D，31U，33U，22R，25L，32U，24L，21R，8R，10D，24L，7D，21R，23U，4D，15R。这里数码表示棋子所在位置，如图 3.1（b）所示；字母 D、U、R、L 分别表示棋子跳跃方向为向下、向上、向右和向左。感兴趣的读者不妨画一个棋单，用围棋子代替棋子试一试。

显然，只要给出的具体状态之间有解的路径，那么采用上述策略，机器照样可以胜任其他类似的智力问题的求解工作，顶多再花费一点时间而已。因此，利用状态空间搜索方法，原则上我们可以让机器解决一大类智力游戏问题。只要为机器找到反映问题本身的状态（棋局）及其变化规则，就可以利用机器无比惊人的搜索能力去寻找解路径。

但如果让人来进行足够复杂（状态空间特别庞大）的智力问题的求解，不管你有多么快的思考速度，要按照这里的思路去解题，恐怕会力不从心。这其实就是人与机器在求解问题中的一个显著差别，当然也是机器所固有的一个优势：具有十分强大的计算和搜索能力。

## 解决问题的分治策略

也许有的读者会问，如果实际问题比独立钻石棋游戏要复杂得多，那么机器又如何求解呢？当求解的问题非常复杂，如果依然能用机器去求解，此时往往需要将问题分解为一些相互联系又相对独立的子问题；然后对这些子问题逐步进行求解，最后求得总问题的解决。

这种策略就称为问题求解的分治策略，其思想是分阶段对相关联的子问题各个击破，最后得出总问题的求解结果。

作为稍难一点问题的求解，我们举一个靠分治方法才能解决的例子。图 3.3 给出的是人工智能非常著名的“猴子与香蕉”问题。在一间房子里有一只猴子、一个箱子和一把香蕉，随意分布在各个位置上。问题是要让猴子在任何情况下都能吃到香蕉，猴子该怎么实现这个目标?

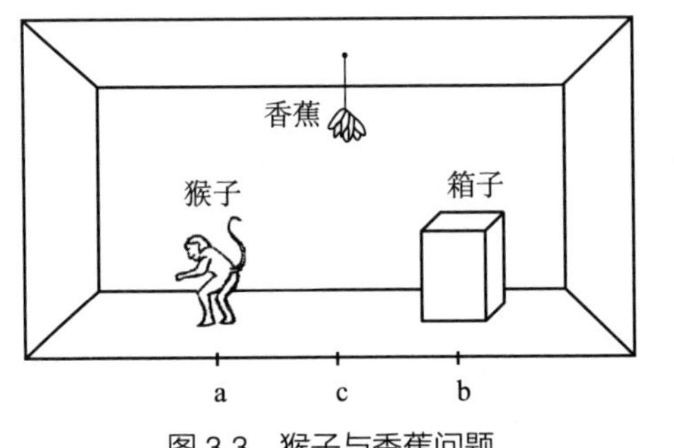


图 3.3 猴子与香蕉问题

现在假设猴子是一台机器，要让你编制一个程序，使得这台机器能通过搬动箱子和走动，从而取到香蕉。很明显，只要做一些深入分析，你就可以发现，这个问题可以分解为如下四个子问题:

（1）猴子从位置 a 走到位置 b；

（2）猴子把箱子从位置 b 推到位置 c；

（3）猴子爬上箱顶;

（4）猴子摘取香蕉。

显而易见，如果我们能够得到上述这四个子问题的一组解答，那也就求得了原问题的解答。

靠分治方法解决问题，就使得机器的解题能力和范围大大提高和扩大了。即使是一个实际生活中的复杂问题，你只要能够将其分解为某些机器能够解决的子问题，原则上机器就可以解决这样的实际问题。

当然，机器这种靠分治方法来解决问题的途径，需要程序员为其编写程序。机器仅仅执行编制好的程序，而解决问题的策略却是人类程序员思考出来的。作为比较，德国心理学家柯勒发现，即使是黑猩猩，在遇到目的受阻的情境中学习解决问题时，并不需要经过尝试与错误的过程，更不需要有人为其出谋划策。黑猩猩自己能洞察问题的整个情境，依靠思考一下子就想到了解决问题的途径。如图3.4所示，黑猩猩可以在先前毫无经验的情况下，顿悟式地解决摘取香蕉的问题。柯勒正是依据对黑猩猩的学习行为进行类似的实验研究，提出了顿悟学习模式。

图3.4　黑猩猩顿悟解决问题

有的时候，需要求解的问题具有递归嵌套结构，就像我们在遣词造句的句法结构中看到的那样，此时机器又是如何解决这样的智力问题的呢？还是让我们用例子来说明这种递归性分治方法的求解思路。

如图 3.5 所示，这是一个称为“梵塔难题”的智力游戏。在有三个柱子（分别标记为 A、B、C）架上，要求把 A 号柱上的圆盘照原次序全部搬移到 C 号柱上。不过搬移时你可以动用 B 号柱作为过渡存放圆盘的场所。在圆盘搬移过程中，规定一次只能移动一只圆盘，并且在搬移的时候都只能移取顶端的圆盘，也不允许出现圆盘大小倒置状况。按此规则和要求，当全部 A 号柱上的圆盘都挪移到 C 号柱上，就成胜局。

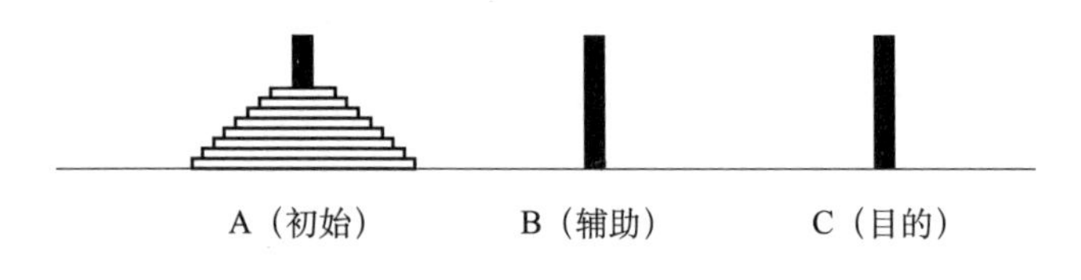


图 3.5　梵塔难题

这是一个较为复杂的问题，需要你深思熟虑。由于没有可能直接地照搬状态空间搜索方法来解题，因此必须首先将问题进行分解。根据图 3.6 的实例分析，对于任意 $n$，求解的方法是：将 A 柱子上的 $n$ 个圆盘分成两部分：1 个圆盘和 $n$-1 个圆盘（如图 3.7 所示），然后按照如下步骤移动圆盘：

第一步：将 A 柱子的上面 $n$-1 个圆盘搬移到 B 柱子上面；

第二步：将 A 柱子上剩下的那个圆盘搬移到 C 柱子上面；

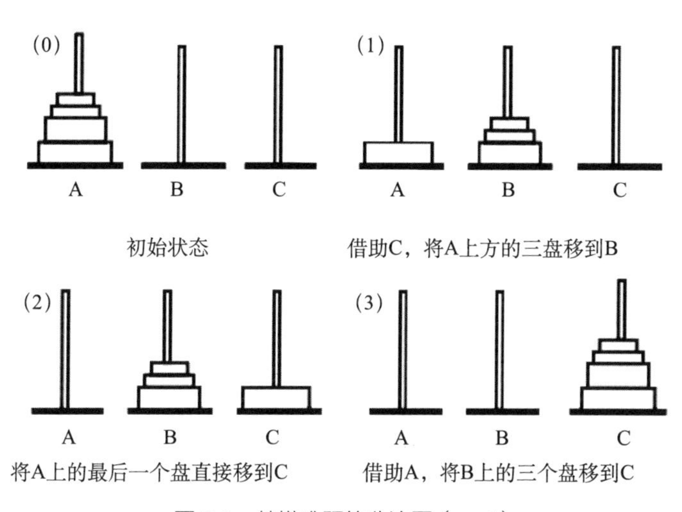


图 3.6　梵塔难题的分治图（$n$=4）

第三步：将 B 柱子上的 $n$-1 个圆盘移到 C 柱子上面。

进一步，对于 $n$-1 个圆盘的子问题，如法炮制，可以继续分解为更具体的子任务，这样一直递归分解，直到分解的最基本的任务可以由机器直接实现为止。根据这样的思路，我们其实是将梵塔难题分割为上述三个子问题，分别代表着解题的三个阶段。也就是说，只要你将这三个相继完成子目标的子问题解决了，你就可以获得整个问题的解，这就是递归性分治策略的思想。

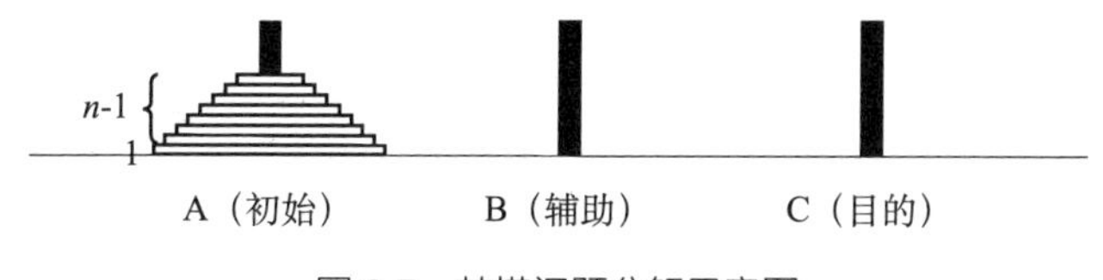


图 3.7　梵塔问题分解示意图

但实际上，在许多情况下，这种分治求解问题的方法也会失效。

例设有一条狗，主人扔给它的一块肉骨头不巧飞过栅栏落入了邻居的院子里。狗隔着栅栏能看到骨头，而在离骨头十多米远处有扇开着的门。此时狗会绕道通过门去取骨头吗？看来要构造全部状态搜索空间是不可能的事，按照“缩短目标距离”的优化方法也不可能让狗啃到骨头，而这一问题又难以分解分治，除非狗自己知道某种背离目标的子问题有助于接近目标。

因此，对于机器求解问题，我们不能抱着太乐观的期望。美国人工智能专家明斯基（M. Minsky）曾经指出：“解决困难问题的能力，随着把难题分成或转换为难度较低问题的能力而改变。为了做到这一点，需要对局势的理解，但不是全靠运气。人们必须能够对问题的表达做充分的推理或推测，才能为问题的局势建立更简单的模型。这些模型具有的结构，应足以使人觉得可以把从模型得到的解，扩展到原有的问题上。”[53]但机器却缺乏这种建立模型的能力，机器只能根据表述好的问题去求解。与机器不同，人却可以灵活地（说不定有些狗也能）根据审定局势来正确地选择问题的表述，从而顺利地解决难题。

从这个意义上讲，说到底机器所解决的任何问题，实际上都是人解决的，是人借用搜索和计算能力十足的机器作为工具去解决的。机器只不过执行了人设计好了解决问题的方案和程序。所以与其说机器在某一“智力”表现方面超过了人类，不如说是某些拥有编程能力的人，通过机器工具战胜了另一些没有使用机器工具的人。假如有朝一日机器能够解决“解决问题”的问题，自己会设计解决问题的方案、策略以及程序，到那时再来考虑机器智力是否超越了人类，才会是一个有意义的问题!

## 双人游戏的博弈

了解了机器求解问题的基本原理和策略后，现在可以进一步转向象棋和围棋这样的双人对弈游戏。我们来看一看机器如何“运筹帷幄”，以至于可以战胜人类最优秀的棋手。也就是说，我们来看一看“深蓝”和“阿尔法围棋”成功背后所运作的算法。

其实，机器博弈程序的研制由来已久，属于人工智能最早开拓的研究领域。自 1949 年信息论创立人香农首先发表了如何编制国际象棋程序的设想以来，就不断有科学家为实现这一目标不懈努力。1952 年，英国数学家、计算理论奠基人图灵研究的一种纸上下棋机，率先为国际象棋的程式化研究做出了有益的探索。随后，图灵又与同事一起研制了第一个试验性下棋程序[54]。

大约在 1959 年，美国麻省理工学院的科学家们成功研制了第一个实用的国际象棋程序。从此，在不到 15 年的时间里，世界各地纷纷涌现各种不同的国际象棋程序。1974 年在瑞典斯德哥尔摩举办了第一届机器国际象棋大赛，冠军得主为苏联科学家研制的名为“恺撒”的机器棋手。

与此同时，早在 20 世纪 60 年代，也有人研究开发围棋程序。但早期的围棋程序不值一提，远没有国际象棋那样引人注目。在“阿尔法围棋”面世之前，美国惠普电脑公司的工程师大卫・佛特兰德设计开发的“多面围棋”是一款最好的围棋程序。

接着好戏连台。1983 年美国科学家肯·汤普森和乔·寇登共同开发的“倩女”下棋程序获得了国际象棋“大师”的称号。1988 年，美国卡内基梅隆大学研究生许峰雄开发的“深思”（“深蓝”的前身）程序战胜了国际象棋特级大师本特·拉尔森。机器棋手的水平越来越高，1997 年“深蓝”终于演出了击败国际象棋冠军这惊人的一幕。到了 2016 年，又涌现了不可一世的“阿尔法围棋”程序，战胜了世界围棋冠军韩国九段选手李世石。

那么，机器下棋的制胜秘诀是什么呢？为了揭开机器下棋的制胜秘诀，让我们从最简单的九宫图填数游戏说起，如图 3.8 所示。

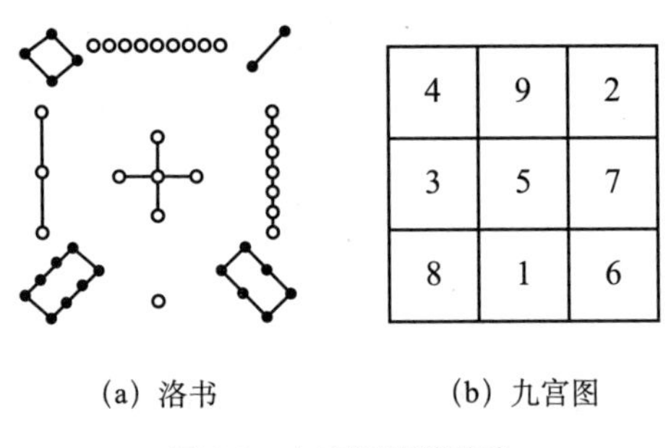


(a) 洛书　　(b) 九宫图

图 3.8　九宫图填数游戏

九宫图源于洛书，据说同河图一起是中华民族最古老的文化遗产，为远古的伏羲所创制。金庸在《射雕英雄传》里有一段专门描写九宫图填数问题的文字，讲到黄蓉如何巧答瑛姑所提出的奇门之数诘难，用的就是这个九宫图。仔细研究九宫图你会发现，在九个数码的安置中，不管是从哪个方向去看，连成一线的三个数码之和均是定数 15。所谓九宫图填数游戏（在西方，称为 tick-tack-toe 双人游戏，也称三子棋、一字棋或井字棋），就是由两人轮流向九宫图中填数，率先组成三数连线之和等于 15 者为赢家。

因为是两人对局，所以为了取胜，你不仅要努力去完成胜局局面，而且还必须时刻防范对方胜局的出现。或者说既要充分利用对方的失误，又要尽可能避免自己出错。这就需要有比较全面的对局策略。在机器对弈程序中，反映这种对局策略思想的具体方法就是所谓的最大最小法或称最佳最差法（迫使对方在所有最佳步骤中选择最差的）。如图 3.9 所示，在机器每走一步棋时，都要超前搜索对方所有可能的最佳应手，并从中选择使对方能取得最佳应手中最差的那种结果来走棋。如果用某种数值来衡量棋手每走一步的优劣程度，那么在机器下棋的这种策略中，所走的棋步就是要使对方的可能最大增益降至最小程度。

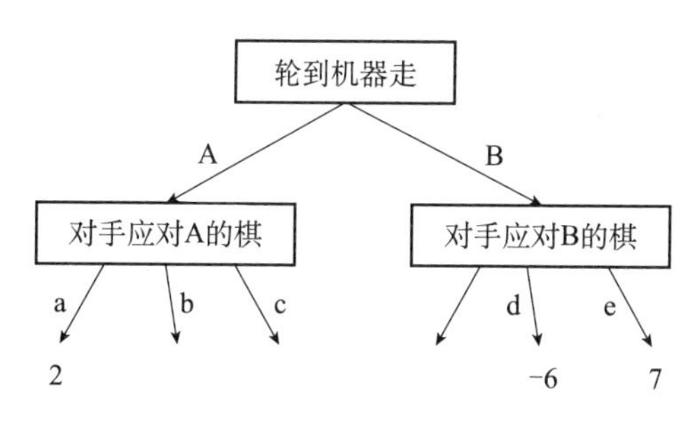


图 3.9　最佳最差策略示意

在图 3.9 中，假设机器可选择的棋步为 A 或 B，那么机器超前搜索后看出了对方对 A 步的最佳应手是 a（当对方走了 a 步后，对机器的增益值为 2），而对方对 B 步的最佳应手是 d（当对方走了 d 步后，对机器的增益值为 -6），因此机器此时有足够的理由选择 A 步，这时机器获得的增益值最大，而对方获得的增益值则为所有可能选择棋步下最佳值中最小的。注意，只要B步中对方应手出现了比A步中对方应手中最佳机器增值还要差的结果，就不必考虑B步中其他对方应手，而义无反顾地选择A步，以节省运算时间。

对于九宫图游戏，采用这种超前搜索的最佳最差法，就可以形成一种类似于问题求解中状态空间的搜索树。不同的是，状态的变迁由敌我双方轮流对局而形成。图3.10给出的是九宫图对局中前两步形成的状态搜索树。依此类推，可以形成全部可能的搜索空间。于是机器只需在此空间中选择一条对己最有利，对敌最不利的下棋路线就能完成对局，赢得胜利。

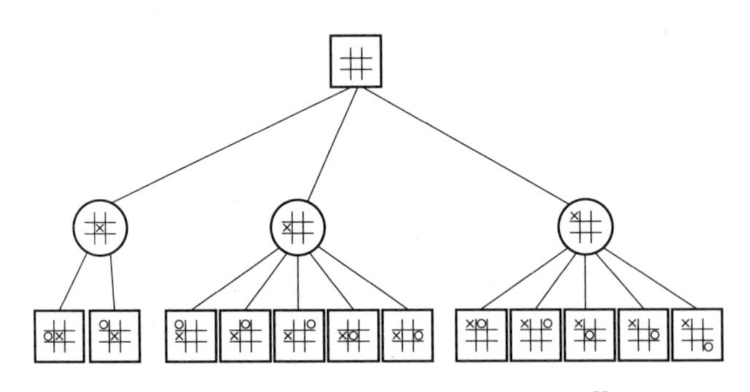

图3.10　九宫图开始两步的状态搜索树[55]

然而，当我们回到国际象棋上，考虑到可能着棋的步骤组合数巨大以及棋步优劣程度（也为棋局优劣程度）的判断问题，在具体运用这种最佳最差法来进行对弈时，还必须补充各种更为具体的技术性手段。比如采取一定的策略来修剪掉那些无用或不可能出现的着棋步骤所代表的分枝，将棋路分阶段考察而采用分治策略等，以便提高机器下棋效率。

当然，随着机器运算速度的不断提高，我们会发现，问题关键还在于对棋步优劣程度的判定上，或者说在于对棋局整体局势的优劣判定上。因为仅仅依赖超前搜索而不具备整体局势判断能力的机器下棋程序，免不了会将坏棋当作好棋来走。

就这一点而言，“深蓝”的研制人员是有远见的。他们在努力提高机器无比强大的运算速度的同时（“深蓝”每秒钟可计算两亿步棋，相比之下，国际象棋大师卡斯帕罗夫每秒钟只能思考三步棋），还充分发挥了机器对局势优劣程度的判断能力。就在第一次“深蓝”输给卡斯帕罗夫后的一年时间里，研制人员专门请来了美国国际象棋大师本杰明，将他自己对局势的全部理解输入了“深蓝”。与此同时，研制人员还给“深蓝”输入了一百多年来优秀棋手对弈的两百多万份棋谱。

不过，对围棋来说，像国际象棋那样几百万份棋谱远远不够。另外，围棋每走一步棋的可选棋局非常之多，国际象棋与之相比，不可同日而语。比如，国际象棋每走一步平均可选棋局为 35 种，在 4 步棋之后，全部棋子在棋盘上的位置变化大约为 150 万种（$35^4=1500625$），围棋每走一步平均可选棋局为 200 种，在 4 步棋之后，全部可选棋局则有 16 亿（$200^4$）种。特别是，围棋在布局阶段可选的棋局还要大得多。因此，光靠剪枝和输入棋谱是不够的，我们必须另谋出路。

智能程序“阿尔法围棋”采用的方法是利用机器强大的超前搜索能力，并基于大数据的深度学习算法的巧妙运用，实现有效剪枝和代价计算。说得通俗一点就是，在上千万份现有围棋棋谱的数据基础上，训练机器学习所有棋局出现的概率，以及全部棋谱中出现胜负棋局的累计积分，这样就可以根据棋局出现概率大小来确定优先棋局的选择，而根据棋局的累计积分给出其计算代价，从而大幅度提高机器超前搜索的有效性，运用最佳最差策略战胜对手。

第二年，“阿尔法围棋”开发者又推出了“阿尔法围棋零元”（AlphaGo Zero），采用强化学习算法，无师自通又战胜了不可一世的“阿尔法围棋”。所谓强化学习策略，就是通过不断与对手博弈来学习选择达到目标的最优下棋策略。具体的方法就是，为这样的智能下棋系统定义一个回报函数作为其目标。系统在不同状态中选取不同的下棋策略会有不同的回报值，正确的策略则给予正值作为奖励，错误的策略则反馈负值作为惩罚。系统的目标就是在与对手博弈中不断进行下棋策略的尝试，使累积回报最大化，并成功地学习到应对各种复杂状况的博弈策略。

“阿尔法围棋零元”正是采用强化学习算法，在与“阿尔法围棋”系统博弈 36 小时后，成功击败了“阿尔法围棋”。应该说，正是靠着各种有效压缩搜索棋局空间，以及各种学习优异棋局的算法策略，“心态沉稳”的机器战胜了人类最优秀的棋手。

但这能说明机器的智能超过了人类最优秀的棋手了吗？或许就机器与人类的智力对抗赛而言，我们选错了项目。因为很明显，就计算速度而言，越是需要大量快速精确搜索的事情，机器越能胜任，这是意料之中的事，而越是需要灵活创造的事情，人类越能胜任。凭着超前搜索和事前准备充足的数据储备，算力十足的机器确实战胜了人类最优秀的棋手——但那也只是一个很小的智慧之果，我们不必为之大惊小怪。为了说明这一点，我们需要对人机下棋所表现出来的智慧差异做一番比较。

## 人机下棋有何不同

那么，人类与机器在下棋或者其他智力游戏中表现出的“心智”差异主要有哪些方面呢？为了通俗起见，我们就拿围棋比赛来说吧。在围棋比赛过程中，人类选手与机器程序有哪些不同表现呢？在我看来，就“智力”表现而言，人类与机器本质上的不同，主要体现在人类具有出错性。

人类选手在下棋过程中会出错，并因此输掉棋局。但必须清楚，出错机制是人类思维最为重要的功能之一：如果没有出错机制，思想的创新也就不可能了。因为所谓思想创新，就是“犯了”有价值的错误，这是由其所处文化环境背景下选择性突变的结果！但机器不会出错，其严格按照预先编制好的程序指令一步一步执行，从不会自发地越雷池半步。

要知道，出错性表面上似乎是一个负面的品质，但其实质上则包含着灵活性和创造性，是一切新事物涌现机制的基础。比如，如果没有生物基因的出错性，自然选择就没有了作用的对象，繁复的生物多样性也就无从谈起。同样，如果没有了文化思想观念的出错性，文化选择也同样没有了作用的对象，博大精深的文化思想多样性同样无从谈起。

就拿生命进化来说，新物种涌现的突现机制，就是源于脱氧核糖核酸（DNA）的出错性。美国生物学家刘易斯·托马斯用“绝妙的错误”来形容DNA的这种出错性：“能够稍微有些失误，乃是DNA的真正奇迹。没有这个特有的品性，我们将至今还是厌氧菌，而音乐是不会有的。”[56]这样的道理同样适合于解释文化思想观念的不断涌现及演化。但遗憾的是，机器永远不会出错。可见，出错性是机器难以企及人类心智能力的一个分界，而这一切都归结为机器预先编程的局限性。

不错，我们可以造出自我繁衍的机器病毒或模拟出生命进化的过程，但这些“病毒”或“生命”一经“搞定”，就再也不会自己改变了。它们永远按照当初设定的程序去“繁衍”，不多也不少，绝不会出任何差错。

我想，不具备出错性不仅制约着机器完全模拟的生命过程，同样也制约着机器完全实现人类的心智过程。美国哲学家丹西在《当代认识论导论》中指出：“人是易犯错误的，并且他之所以易犯错误恰恰不是表现在使用方法的方式中，而是表现在对他有效的获得信念的方法中。因此，如果知识需要一种不可错的或完全可靠的方法，那是不可能的。”[57]因此，让不可能出错的机器去学习知识经验也将是不可能的，这就是我们的结论。

当然犯了“好的”错误才有价值，所谓创新就是犯了有用的错误。人是会犯错误的，人之所以伟大就是在于他会犯错误。美国哲学家丹尼特说：“犯错是取得进步的关键。……但是没有多少人知道，有时候犯错才是我们唯一的出路。”特别是：“从某种意义上讲，它还是人们学习或者做出真正创新的唯一机会。”[58]

人会犯错误，人的记忆也会出错，甚至这种出错会发生在有关记忆能力知识和策略的元记忆机制之上，但机器则一经设定就永远不会出错。只要机器贮存好材料，那么无论何时都会原封不动地检索提取到原有信息，除非机器被程序“规定”做了删减、修改。因此，机器的数据存储与人的记忆完全不同。正如美国神经科学家丹尼尔·夏克特在《找寻逝去的自我》一书中指出的：“现在，我们在一定程度上确信，记忆绝不像计算机那样，只是被动无情地对一系列资料片段加以贮存和提取。”[60]

有趣的是，不管是长时记忆还是短时记忆，我们对记忆的内容都会有不同程度的失真歪曲，甚至彻底遗忘。毫无疑问，记忆系统的复杂性正是体现在“失真”的主观性和“遗忘”的自发性之上。因为很明显，仅靠单一的增加机制构造的必然是贫乏的系统，只有增加机制与减少机制的相互融合消长才会真正带来表现丰富的复杂系统。因此，记忆活动机制中的“失真”和“遗忘”并不是一件坏事，反而是整个心智复杂活动中必不可少的重要机能。

记忆的失真歪曲主要在编码过程中发生。原因主要是我们的主观认识对于所进行的记忆活动产生影响。也就是说，先前已经掌握的知识对新的记忆选择或添加产生影响而导致记忆的失真和歪曲。丹尼尔·夏克特指出：“这就意味着，新记忆不可避免地要受到旧记忆影响，从而使记忆歪曲成为一个相对常见的现象。就某一个神经网络而言，其中对某一事件的记忆必然要受到对其他事件的记忆的影响甚至是改变。”[61]

有一个著名的实验可以说明我们的记忆，哪怕是对眼前发生事件的即时回忆也存在严重的记忆歪曲现象[62]。

> 在哥廷根一次心理学会议上，突然从门外冲进一个人，后面追着一个手里拿枪的人。两个人正在屋子中央混战时突然响了一枪，两人又一起冲了出去。从进来到出去总共二十秒钟。主席立即请所有的与会者写下他们目击的经过。这件事是事先安排，经过排演并全部拍了照，但是这种情况与会者当时并不知道。在交上来的四十篇报告中，只有一篇在主要事实上错误少于百分之二十，十四篇有百分之二十到百分之四十的错误，二十五篇有百分之四十以上的错误。特别值得一提的是：在半数以上的报告中百分之十或更多的细节纯属臆造。这次观察的条件是有利的，因为整个过程十分短暂，并且非常惊人，足以引起人们注意，细节又是事后立刻记下的，记录者都惯于做科学观察，并且与事件都无个人牵连。

由此可见，在我们的记忆过程中，提取线索所唤醒的，不是那些已存的记忆形象，而是记忆时所产生并伴随的主观体验。这种主观的回忆也取决于回忆线索时与之发生相互作用所产生的回忆倾向性。

从前面的论述中我们不难发现，事情越有规律，比如下棋这类博弈游戏，机器就越能掌控，这就是预先设定程序的优势。但是人类常常出错，由于毫无规律可循，机器便不可能预先加以编程，机器也就不可能出错。人易于犯错误，而机器按照设定的程序运行，永远不会出错。这就是预先编程的一个致命弱点，这也是机器“心智”无法超越人类的根本原因。

更为重要的是，通过反思错误，人类可以分享经验，使心智能力得到发展。正如丹尼特指出的：“顺便说一句，这也是我们人类比其他物种聪明得多的一个原因。与其说我们胜在脑容量更大、大脑功能更强，或者具有反思自己过往错误的能力，不如说我们胜在可以相互分享个人在试错的历史中所获取的经验。”[63] 从所犯错误中获得经验，这对于不会犯错误的机器而言同样绝无可能。

没错，在对弈中人可能出错而机器可以从不出错，但出错性却正是人类智能的一大特征。应该明白，在对弈中重要的是应变能力，而不是永不出错的搜索能力。不仅如此，在人类经常犯错误的情景下，人类还演化出容错性这样神奇的应变能力。应该说，容错性也是人们有效把握事物的重要能力。

> 研表究明，文字的序顺并不定一能影阅响读，比如当你看完这句话后，才发这现里的字全是都乱的。

图 3.11　正确把握含义的阅读

比如，几乎任何一部出版的书，都会存在文字错误。但大多数读者在阅读中并不会发现错误，并照样不会影响读者对书中内容思想的理解。如图 3.11 所示[59]，你是否很容易就理解了其中所要表达的意思？不过请读者仔细逐字检查，你会发现其中错误百出。我们之所以没有发现其中的错误，就是因为我们具有容错能力。我想如果换成机器来理解这样一段话，估计连分词、句法分析都通不过，更不用说能够像人类一样得出有用的信息了。

看来，下棋博弈远不能体现人类智慧中的应变能力。就像我们不能用九宫图填数游戏的下棋水平来衡量一个棋手的智能高下一样，其他棋类博弈的下棋水平，同样也不能反映人类真正智能的高下。

当然，说不定还会有一天，一台蛮劲更加十足的超前搜索机器又会战胜人类单靠机械性计算的能力，但这也不能够证明机器的智能水平就超过了人类。因为人类的智能更多的是指惯常方法无济于事时（眉头一皱），人们所动用的那种急中生智式的应变能力（计上心来），而不在于按照刻板的规则去做无穷无尽的超前搜索劳作。

## “气压计故事”所揭示的

有别于机器，人们具有无穷无尽的急中生智式的应变能力。美国华盛顿大学的物理学教授卡兰得拉曾写过一篇题为《气压计的故事》的文章[64]，讲的就是一位学生如何使用气压计创造性地来测定一幢楼高度的故事。全文如下：

很久以前，我接到我的同事一个电话，他问我愿不愿意为一个试题的评分作鉴定人。好像是他想给他的一个学生答的一道物理试题打零分，而他的学生则声称他应该得满分，这位学生认为如果这种测验制度不和学生作对，他一定要争取满分。导师和学生同意将这件事委托给一个公平无私的仲裁人，而我被选中了……

我到同事的办公室，并阅读这个试题。试题是："试证明怎么能够用一个气压计测定一栋高楼的高度。"

学生的答案是："把气压计拿到高楼顶部，用一根长绳子系住气压计，然后把气压计从楼顶向楼下坠，直坠到街面为止；最后把气压计拉上楼顶，测量绳子放下的长度。这长度即为楼的高度。"

这是一个很有趣的答案，但是这学生应该获得称赞吗？我指出，这位学生应该得到高度评价，因为他的答案完全正确。另外，如果高度评价这个学生，就可以给他物理课程的考试打高分；而高分就证明这个学生知道一些物理知识，但他的回答却又不能证明这一点。考虑到这一点，我建议让这个学生再次回答这个问题。我的同事同意这么做，这当然是意料之中的事，但让我惊讶的是这个学生也同意再试一次。

按照协议，我让这个学生用 6 分钟回答同一问题，但必须在回答中表现出他懂一些物理知识。5 分钟过去了，他什么都没有写。我问他是否愿意放弃，因为我还得去别的班级上课，但他说不，他并不打算放弃，他有许多答案，正在思考用最好的一个答案。我向他表示抱歉，打断了他的思路，并请他继续考试。在最后一分钟里，他赶忙写出他的答案，它们是：把气压计拿到楼顶，让它斜靠在屋顶边缘处。让气压计从楼顶落下，让停表记下它落地所需的时间，然后用 $S=(gt^2)/2$（落下的距离等于重力加速度乘下落时间平方积的一半），算出建筑物的高度。

看了这答案之后，我问我的同事他是否让步。他让步了，于是我给了这个学生几乎是最高的评价。正当我要离开我同事的办公室时，我记得那位同学说他还有另外一个答案，于是我问是什么样的答案。学生回答说：“啊，利用气压表测出一个建筑物的高度有许多办法。例如，你可以在有太阳的日子在楼顶记下气压表上的高度和它影子的长度，再测出建筑物影子的长度，就可以利用简单的比例关系，算出建筑物的高度。”

“很好，”我说，“还有什么答案？”

“有呀，”那个学生说，“还有一个你会喜欢的最基本的测量方法。你拿着气压表，从一楼登梯而上，当你登楼时，用符号标出气压表上的水银高度，这样你可以用气压表的单位得到这栋楼的高度。这个方法最直截了当。”

“当然，如果你还想得到更精确的答案，你可以用一根弦的一端系住气压表，把它像一个钟那样摆动，然后测出街面和楼顶的 $g$ 值（重力加速度）。从两个 $g$ 值之差，在原则上就可以算出楼的高度。”

最后他又说：“如果你不限制我用物理学方法回答这个问题，还有许多其他方法。例如，你拿上气压表走到楼房底层，敲管理人员的门。当管理人员应声时，你对他说下面一句话：‘亲爱的管理员先生，我有一个很漂亮的气压表。如果你告诉我这栋楼房的高度，我将把这个气压表送给您……’”

说罢此文，你一定会有这样的感叹：这位学生真是聪明非凡，人的创造性才能是巨大的。确实，人具有巨大的创造性潜能。这不仅体现在我们成年人的解决问题过程之中，就连我们的儿童，在面临疑难困惑时，也同样不乏令人敬佩的创造性举措。

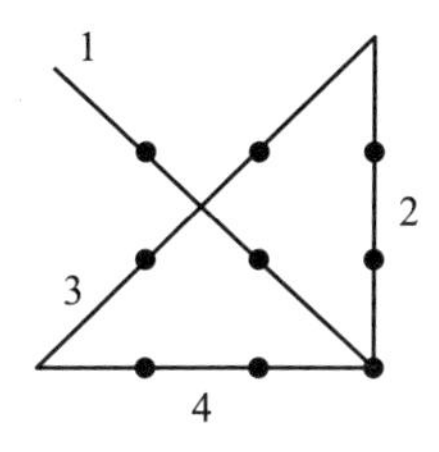


图 3.12 “一笔相连”问题

图 3.12 给出的是一个称为“一笔连九点”的经典智力游戏问题。你可以仅用一笔连画并不允许折笔超过四次，将图中九个点全部连接起来吗？（“一笔画出四条线，并连接 9 个点”，提示：画线不要拘泥于四个边的界线）或许你会很快地给出了这一问题的常规解答（如图 3.12 所示），但你能否超出常规来解决这一难题呢？请看一个年仅 10 岁的小女孩所想出的好主意，如图 3.13 所示。难道这不正是创造性能力吗！

所谓创造性就是脱离固有的思维定式，产生独特的思维模式，是发现事物新关系和处理事物新方法的能力。心理学家吉弗尔德认为，就问题解决来说，创造性思维的过程和问题解决的步骤基本上一致，表现着合二而一的作用。当要解决问题时，必然要探索新的方向，如若完全可用旧的办法解决，则不成为问题了。唯因旧时的办法行不通，而又没有先例可模仿，原有的习惯行为不足以对付，这就成了问题，需要考虑新的办法才能解决。这样，就产生了与过去不同、和别人异趣的创造性思维。

May 30, 1974
5 FDR
Roosevelt Rds.
Ceiba, P.R. 00635

Dear Prof. James L. Adams,
My dad and I were doing Puzzles from "Conceptual Blockbusting." We were mostlly working on the dot ones, like ⁝⁝⁝ My dad said a man found a way to do it with one line. I tried and did it. Not with folding, but I used a fat line I doesn't say you can't use a fat line.
Like this

Sincerely,
Becky Buechel
age: 10

P.S.
acctually you need a very fat writing apparatice

图 3.13　一个小女孩创造性的好主意[65]

通常，创造性思维起源于想象而又与动机有关。想象在创造性思维中对有意义、有组织、有步骤的构思和引发新想法起到的是一种有力的引导作用；而包括好奇心、求知欲、丰富知识和增进能力的愿望在内的动机，则是创造性思维本身的原动力。或许我们每一个人都体验过创造性思维过程中的疑惑、含糊、紧张、失望以及成功的惊喜，但我们又常常会情不自禁地要独自闯入这充满神奇的天地。

正像韦特海默在《创造性思维》一书中说明的：“我发现有许多心智上的伟大成就，往往都经历了与此类似的过程：感到一种有方向的紧张感，然而现实的情况又是那么模糊、胶着。有时答案好像到了嘴边，但是依然抓不住它。这种状态常常可持续数月之久，其中夹杂着不少成功无望、令人愁闷的日子，然而又欲罢不能。”[66] 恐怕，再也没有什么比拥有这样一种能力更使人类欣慰的了。对于机器来说，机械的逻辑运算、被动地按指令行事，将永远不会具备人类的这种心智能力。机器也永远不会超越人类这种不可预期的心智优势！

## 永远拥有的优势

《诗经》中说：周虽旧邦，其命维新。人类之所以具有超凡的智慧，最为关键的在于人类拥有灵感突发性思维。人类能够在难以预料的境况下，做出充满灵性的、“急中生智”式的应对策略。人类的这种思维能力就是所谓的创造性思维能力。

确实人类求解问题的思维方式，并不像人们想象的那样，是按部就班一个步骤接着一个步骤死板地来解决问题，其中往往有跳跃式的想法冒出来。甚至，即使问题解决了，也并不意味着任务的结束，而是经常会从一个问题的解决，引发出另一个或多个新问题。一个伟大的发现，往往不在于解决既定的旧问题，而是顿悟式地发现了新问题。

也就是说，人类的思维活动不是线性发展的，而是非线性发展的。在其中，人们就会涌现许多突变式的思维，这完全是一种自发过程。这种具有顿悟性质的创造性思维能力，一般具有如下特点：

（1）随时可以转换所关注的问题，或是从片面走向全局，或者从低层次转向更高层次；

（2）对事物的性质、作用和意义的理解发生改变，形成不同于先前的全新认识；

（3）顿悟性地抓住了问题的核心，有一种豁然开朗的顿悟式体验，可以形成一种融会贯通的观念。

自然，创造性思维能力不仅仅与我们的智力有关，也与我们的态度、情感和意志有关。因此，创造性思维往往是不同心智能力相互作用的结果。有时，一种顿悟式的观念涌现，往往是理智、情感、意志等因素长期相互作用与孕育的结果。

或许这样的比较过于空泛，不能说服人们接受机器具有固有局限性的观点：机器从根本上讲不具有人类心智的本质能力。那么，我们下面就从人类创造性解决问题的现象和规律上具体说明人类所拥有的心智特点，如何难以为机器所拥有。

德国心理学家、格式塔学派创始人之一的韦特海默，在说明人们如何创造性地解决平行四边形面积问题时，叙述了这样一个真实事例[67]：

> 首先，我要报告，一个五岁半的孩子，在没有任何人帮助的情况下，怎样解决了平行四边形的面积问题。在教她长方形面积的求法之后，让她求出平行四边形的面积，她说：“我当然不知道怎么做这个题。”接着，沉默了一阵，她指着左端那个地方说：“这儿不好。”然后又指着右端那个地方说：“这儿也不好。”“这两个地方都讨厌。”迟疑一阵，她说：“我可以把它弄好……但是……”忽然她叫起来：“我可以有一把剪刀吗？这边不好的，恰好是那边所需要的，这就合适了。”她拿起剪子，垂直地剪下一块，把左端的图放在右端。

这里实际上不仅说明了人们如何创造性地解决新问题，而且也给出了创造性思维过程的形象生动的描述。美国著名的教育学家杜威（J. Dewey）在《我们如何思维》一书中将这样的创造性问题解决过程总结为以下五个步骤[68]：

（1）感觉到一个问题；

（2）对这个问题加以分析；

（3）拟定可能的解决方案；

（4）测验所拟定的多种方案，以资比较；

（5）判断最有效的解决办法。

不过，人类创造性思维的实际情况，远远比杜威论述的要复杂。首先，在解决问题之前，我们必须发现问题。机器总是去执行人们要它去完成的任务，也就是说，对于机器而言，要解决的问题永远是事先给定的。机器不会也不可能发现问题，特别是发现有意义的问题。但人类则不同，他会主动地发现问题，然后才试图去解决问题。

其实，发现问题远比解决问题更为重要。因为解决一个问题，无非只是履行一些数学的、实验的手续、步骤，而要提出问题、发现问题，从新的角度、视野重新去审视现实，就需要有创造能力，这是真正推动人类进步的动因。旧问题的解决会带来新问题的发现，人类正是在其中获得不断涌现的科学成就，推动社会的发展。

发现问题之后，又会有一个提出解决问题方案的问题。在人类创造性思维能力的表现中，展示了提出问题、提出问题解决的方案、按照方案去具体解决问题这三个不同层次的能力。显然，这三个层次能力要求的创造性思维含量依次递减。如果深究起来的话，机器能够参与的只有最后一个层次的工作：按照程序规定的方案去具体解决问题。举个例子来说，对于像图 3.14 给出的火柴棍游戏，就涉及了一个采用什么方案来解决的问题。

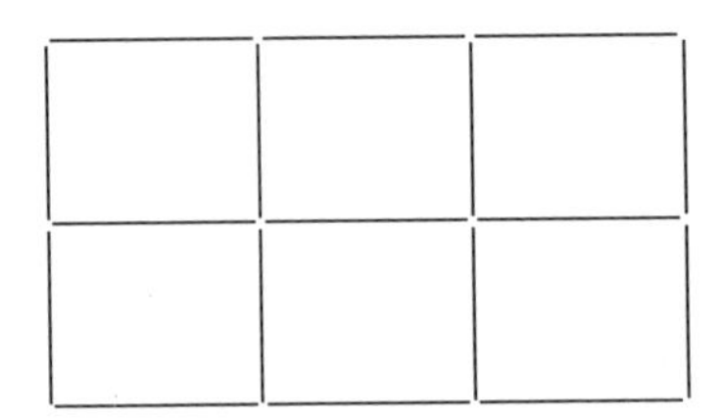

图 3.14 火柴棍游戏

图 3.14 的游戏要求在给定的图案中，去掉五根火柴，使得图案形成三个小正方形。在这个问题中，如果你以火柴棍为单位进行去除操作，那么需要试验的总次数达 $C_{17}^{5}=6188$ 次；但如果你以小正方形为单位进行去除操作，那么需要试验次数降到 $C_{6}^{3}=20$ 次；现在如果你考虑到 17 根火柴去掉 5 根后剩下 12 根，要形成三个小正方形，那么这三个小正方形必然不存在公共边。因此在此图案中仅有 2 种可能！遗憾的是，机器并不具备发现这种解题方案的能力。

然而，方案有时是无穷多的，这就迫使机器在提出解决问题的方案面前显得无能为力。例如，有一种“填补游戏”就反映了解决方案的丰富性并直接影响到解决问题结果的任意性。

所谓填补游戏是指这样一种智力游戏，给你某种局势，其中留有待定因素，让你填补后构成某种整体上一致、有意义的格局。比如，给你数字序列：

18 20 24 32 ？

请补上“？”处空缺的数字使之构成一组有规律的数列。这里一种答案是 48。这样一来，“规律”就是“后一个数”是“前一个数”加上 2，4，8，16……，即第 $i$ 个数＝第 $i$-1 个数＋ $2^{i-1}$，而第 1 个数为

18。再如，给你字母序列：

O　T　T　F　F　S　?　?

请补上“？”处空缺的字母使之构成一组有规律的字母序列。这里也可以给出一种答案，即S，E。因为你可以将这里的字母序列看作英文数目单词的首字母，即ONE，TWO，THREE，FOUR，FIVE，SIX，SEVEN，EIGHT的首字母序列。

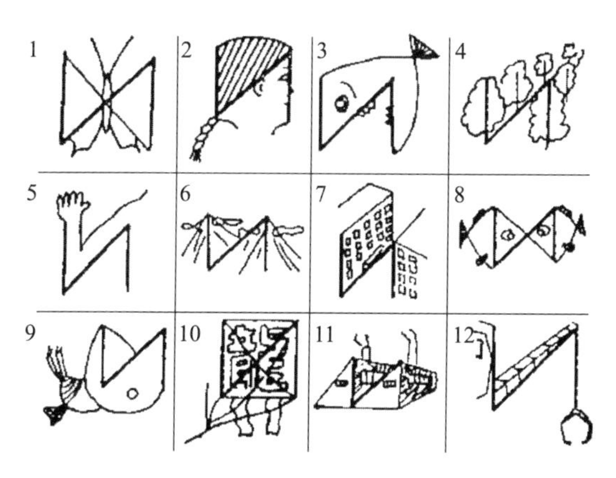


图3.15　完成绘画测验

很明显，这样的解决方案均不是唯一的，也不是确定的，一切依赖于你所拥有的知识和创造性能力。有人曾设计一种完成绘画测验，在一个大写字母N的基础上任意涂画，且构成有意义的图画。实际上也是一种填补游戏，如图3.15所示。这里同样存在着创造性解决方案的多重性问题。对此，机器显然无从入手，除非程序员编定程序，让机器按照程序的规定去解决问题。

再有，对于人类而言，创造性解决问题的更集中体现的优势就是顿悟解决问题的能力。有一个几乎人人皆知的智力问题，就需要顿悟解决问题能力。这个智力问题的描述一般是这样：

> 两只小船相向航行，一只从东城开向西城，每小时60里；另一只从西城开向东城，每小时40里，两城的距离为100里。上面天空中有一鸟来回地飞翔，每小时80里。问题是当两船相遇时，鸟飞了多少里?

假如要用数学方程式来计算，会相当繁复。但是，若用顿悟思维解题，瞬息之间就能圆满解决问题。不知读者有没有顿悟出答案所在?明代思想家袁宏道在《行素园存稿引》中说：“博学而详说，吾已大其蓄矣，然而犹未能会诸心也。久而胸中涣然，若有所释焉，如醉之忽醒，而涨水之思决也。”[69] 这就是对顿悟性解决问题的一种形象生动的描述。

从根本上讲，在创造性思维中，只有整体上的顿悟，而没有局部累积上的渐悟。因为任何提示或有效累积，只有在你理解了整体目标时才是有效的，而对这个整体目标的理解却正是你所要创造性解决的问题本身。就这一点而言，机器尽管在计算普通机械性问题时效率很高，却不能适应这种创造性的变化要求。

柯勒采用完形心理学的观点解释顿悟学习。他认为，顿悟式学习不必靠练习或经验，只要个体理解到整个情境中各种刺激之间的关系，顿悟就会发生。韦特海默发现顿悟学习涉及创造性思维问题，并且具有不同于逻辑思维的一些特点[70]。

实际上，创造性发现往往是人们在长期无意识观察学习过程突显出来的结果。在这种情况下，个体在某情境中学习，但隐而不显，直到在有必要的时候才在行为上显现出来。人们将这种学习称为潜在学习，就是所谓的“潜移默化”学习。曾经有报道称，有一位从未练习过驾驶的妇女，在深夜丈夫病重无人援手的情况下，竟然驾起丈夫的车，将丈夫送往医院急救。这是一种典型的潜在学习。可以想见的是，她平常在驾驶员旁的座位上，经由观察学习而产生了潜在学习。

从某种意义上讲，真正的学习恐怕要算是能在具体的环境中进行创造性思维的学习能力。很明显，如果学习仅仅是学会什么就运用什么，那么这还不是真正意义上的学习。人类真正意义上的学习指的就是举一反三的能力。这种能力不单单是指概念水平上的创新性，而且也指对把握概念方法上的创造性，甚至还指对学习能力本身的学习完善。对此，目前所有的机器学习算法，毫无例外，是根本无法具备这样的创造性学习能力的！

最后，对于机器而言还有一个难以逾越的困难，那就是如何判定背景和前景的分界性问题，或者说如何区分前台与后台的混同问题。在创造性解决问题中，需要在前台和后台两个层面上任情发挥。况且当一个问题是全新的时，你就根本无法知道前台和后台的界限在哪里。一切均处于混沌之中，此时游戏规则常常会随同游戏的进行而改变。

例如，有这样一个问题，要求你使用桌上任何一种物体，把三支蜡烛垂直地安置在软木屏上。桌上有三个用纸板做成的盒子，里面装有实验所需的蜡烛、火柴和图钉。遇到这样的问题，此时你当如何去解决问题呢？很显然，只有你把盒子不仅仅看作装实验用具的工具，也看作可以用来进行实验的工具时，你才能圆满地解决这一问题。这恰恰就是创造性地解决问题的关键：在元工具（背景、后台）上使用工具（前景、前台）。但这对于机器而言，却是永远不可能真正实现的功能，因为机器无法改变规定好的程序本身。

人类之所以拥有无比强大的创造性思维能力，这与人类大脑拥有超越其他动物或机器的新皮层有关。正如美国人工智能专家库兹韦尔指出的：“创造力的一个重要方面是找到绝佳隐喻的过程——代表某种其他事物的标志。新皮层是一个伟大的隐喻制造机，是我们成为唯一的创造性物种的原因。”[71]

如果进一步深入人类大脑的组织结构，我们就会找到人类创造性思维能力的生物学基础。根据当代神经生物学研究发现，人类之所以具有超越所有其他物种的卓越的创造性能力，主要源自人脑中占优势分布的一种纺锤体细胞。人类的纺锤体细胞大约只有 8 万个，其中右脑 4.5 万个，左脑 3.5 万个。作为对比，大猩猩大约有 1.6 万个，矮猩猩有 2100 个，黑猩猩有 1800 个，其他哺乳动物根本就没有这种细胞。人类的新生儿也没有，要到 4 个月的时候才开始出现，并在 1—3 岁的时候开始明显增加。

科学研究认为，建立在自觉意识之上的创造性能力估计与纺锤体细胞的一定规模有关。纺锤体细胞能够联结到远处的新皮层区域。“由于它们同大脑很多其他区域有联系，所以纺锤体细胞传递的高层级情感会受到知觉和认知区域的影响。”[72] 因此纺锤体细胞是联结情感与理智进行碰撞的理想载体。应该说，正是这些纺锤体细胞所进行跨越脑区联合模式的信息加工活动，人类才能够涌现出创造性的思维。

看来，因为机器战胜了人类最优秀的棋手，就一厢情愿地将机器看作最终能超越人类优势的想法还是很幼稚的。这里起码忽略了机器取胜的背后所依靠的依然是人类群体的智慧，机器不过是这种智慧的忠实执行者和体现者。应该说，目前所有机器所取得的那些“成就”并不是机器的功劳，而是编制机器程序的科学家群体的功劳。从某种意义上讲，机器越能干，说明支配机器的人类越伟大，不是吗？

第四章

# 机器意识可能吗

“机器意识”（Machine Consciousness）是指使用计算方法试图让机器装置拥有意识能力的研究领域。早期机器意识研究的开拓者之一，英国皇家学院的亚历山大（I. Aleksander）教授在1996年就出版了一部名为《不可理喻的心智——我的神经细胞、我的意识》的书[73]。亚历山大在该书中声称，皇家学院在1990年“建造”了一台叫作Magnus（Multi automato general neural units structure）的“虚拟机器”，其可以具有“觉知”和“意识”能力。三十多年过去了，现在看来，这只是作者自己对“意识”基本猜想的结论。实际人类意识能力的真实情况如何，还未见确论。因此，为了弄清这种机器“意识”是否真实可信，以及在多大程度上体现了我们人类意识的真实现象，还是先让我们来看一看人类对“意识”等高级心智活动规律的种种认识吧。

## 意识涌现的脑机制

英国科学家克里克“惊人的假说”是说：“‘你’，你的喜悦、悲伤、记忆和抱负，你的本体感觉和自由意志，实际上都只不过是一大群神经细胞及其相关分子的集体行为。”[74]同克里克一样，美国哲学家塞尔在《心、脑与科学》一书中也宣称：“一朵玫瑰花的气味，对蓝色天空的体察、洋葱的味道以及数学公式的观念，这一切都产生于各环路中、与脑的各部位状态相关的不同速率的神经细胞冲动。”[75]这一点，其实大名鼎鼎的童话作家路易斯·加乐尔说得更加直截了当：“你只不过是一大群神经细胞而已。”[76]

现已探明，包括意识在内的各种心理功能和行为都由神经细胞集群构成的多级神经环路完成。神经细胞是人脑神经系统的最基本单元。神经细胞之间可以形成一种微小的突触结构，它们是“信息加工”的真正所在。由突触组构的最初级形式称为神经信息加工的微环路。在微环路的基础上可以形成更高级的局部环路，涉及众多神经细胞的交互作用。然后局部环路相互连接，逐步扩展，直到一个脑区、脑叶和整个脑。从这个意义上讲，我们可以将人脑神经系统看作由神经细胞及其突触联系所构成的一张巨大无比的神经网络。

如果一定要将人脑比作一架机器的话，那它也是一架非常独特的机器。这架"机器"由 $10^{12}$ 个相当一致的物质基元构成，使用少数定型信号并通过基元之间 $10^{12}\times10^{4}$ 量级的广泛连接，赋予了其不同寻常的能力。人脑的神经细胞及其连接本身的可塑性绝非逻辑算法可以模拟。建立在神经活动信号组合模式之上的心智功能意义的产生，完全是数以亿计神经细胞相互作用的结果。

最近三十多年来，我们对神经系统的研究有了突飞猛进的发展，获得了大量可靠的人脑活动机理和知识。但遗憾的是，对于令人困惑的意识问题，我们却依然难以建立起哪怕是十分简陋的解释理论。我们对于微观的神经细胞活动机制是如何涌现出宏观的意识现象依然知之不多。我们亟须了解，作为一个复杂的神经系统，其产生整体宏观意识心理活动的组织机理是什么？为此，让我们先来看看科学家们是如何看待这一问题的。

美国学者侯世达教授认为："为阐明大脑中发生的思维过程，我们还剩下两个基本问题：一个是解释低层次的神经发射通信是如何导致高层次的符号激活通信的；另一个是自足地解释高层次的符号激活通信——建立一个不涉及低层神经事件的理论。"[77] 无独有偶，作为神经生物学家的卡尔文教授也同样把神经活动的两个层次关系问题看作重要的研究目标，并指出："迄今为止，我们实际上需要两种隐喻：一种是自上而下的隐喻，把思想映射于神经细胞群上；另一种是自下而上的隐喻，用来解释思维是如何由那些看起来杂乱无章的神经细胞集群产生的。"[78]

自组织理论观点认为，在神经系统中压根儿就不存在所谓意识的中心。正如英国科学家格林菲尔德所说的："因此任何意识理论都不能依赖特殊的大脑区域或特殊的细胞。没有意识‘中心’，否则，这将意味着在大脑内我们还有一个完整的小型大脑。同样，当抑制、无意识状态促发时也没有单一的区域。另外，我们知道意识不是零碎地属于单个神经细胞，因为某些神经细胞在麻醉或睡眠时继续工作。”[79] 并据此，格林菲尔德给出了有关产生意识的可能因素，包括：肽类物质的作用、神经细胞组合的大小、感觉刺激的程度、胺类的效应、竞争联络组合的形成等。

确实，复杂的意识活动建立在大量特异化神经组块相互作用的基础上，因此侯世达和卡尔文所强调的正是神经细胞集群如何自发（自组织）地产生宏观行为的问题。这一点克里克在《惊人的假说》一书中说得更加明白，他认为：“首先，大脑的许多行为是‘突现’的，即这种行为并不存在于像一个个神经细胞那样的各个部分之中。仅仅每个神经细胞的活动说明不了什么问题。只有很多神经细胞的复杂相互作用才能完成如此神奇的工作。”[80] 这便有一个人脑内部神经活动如何导致整体性意识表现的自组织机制问题。为了对这种自组织活动规律有个比较直观的认识，让我们从蚁群行为的比附说起。

蚂蚁是一种很不起眼的小生命，却有着很多类似于人类活动的“神奇”行为。比如蚂蚁会种植、采集、畜牧、驱奴、缝纫、吸毒，甚至使用工具等[81]。当然单个蚂蚁微不足道，一旦离群，除了死，别无选择。但作为一个十几万个单元组成的蚁群，其表现出来的行为方式，就颇为壮观了。生物学家刘易斯·托马斯在《曼哈顿的安泰》一文中指出：“蚂蚁其实不是独立的实体。倒更像是一个动物身上的一些部件。它们是活动的细胞，通过一个密致的、由其他蚂蚁组成的结缔组织，在一个由枝状网络形成的母体上循环活动。”[82] 作为一个拥有 20 万蚂蚁的蚁群，其神经细胞总数可达 $10^{11}$ 级别（每个蚂蚁约有 50 万神经细胞），这同人脑的神经细胞数目颇为接近。因此，与其把单个蚂蚁看作一个个生命，倒不如将整个蚁群看作一个“智能”生命更能说明蚂蚁的行为。

就像单个神经细胞本身没有意识一样，单个蚂蚁也是非常蠢笨的。看上去随机地转来转去，其行为毫无秩序可言。你根本无法从单个蚂蚁的活动中看出其与整个蚁群行为有什么联系。然而，就大量的蚂蚁来说，从这种乱糟糟的状态中，还是能看出一定的总趋势的。事实上，蚂蚁通过接触提供的嗅觉信息传递来协调其活动，并用这种方式互相组队支援，然后从事任意的活动。当然，蚂蚁组队是有一定条件的，只有当聚集的蚂蚁的数量达到某一临界数量时，有秩序的蚁群现象才会出现。一旦出现这种有秩序的蚁群，就会像滚雪球一样，把越来越多的蚂蚁裹挟进来。这样，为收集食物、营造蚁窝、放牧蚜虫等目标而工作的完整“蚁队”就形成了。

蚁队是蚁群行为活动最基本的“砌块”，而从复杂的蚁群行为活动来看，我们同样可以做不同的层次分析。也就是说，为了能够协调一致地行动，蚁群实际上由多个层次结构形成。高层次的蚁队首先由低层次的蚁队组成，最后是最低层次的蚁队。在这之下，才是单个蚂蚁。必须注意，蚁队并不是固定不变的，而是不断地动态聚集和解散。即使同处一个蚁队中的蚂蚁也是不断更替，就好像“蚁队”是一种信号，在蚁群中传来传去，传达所要完成任务的命令一样。从微观上看，这种信号流通是通过蚂蚁之间的触角的接触实现的。但从宏观上看，这种信号流通则是通过蚁队的形成、重组和解散来达成的。

再往高层看，整个蚁群就是由动态分布的各种蚁队构成的，其行为恰好体现在这些来来往往永不停息的蚁群活动分布之上。这种分布活动能适应不断变化的情况，从而使蚁群同所面临的现时环境相适应。这里没有谁是行为的主宰，整个蚁群活动分布就是行为本身。如果说有什么意识的话，那也是蚁群整体所表现出来的效果本身。一句话，蚁群的行为完全是一种自组织活动。

例如，对于蚂蚁天气预报来说，你不能指望一只蚂蚁会对天气有什么反应，但正是靠这些无反应的蚂蚁组成的蚁群却可以准确预报天气。据说，蚂蚁在预报天气时，先是派出侦察蚁四处活动（如图 4.1 所示）。带回“搜寻”到的各种信息后，侦察蚁们举行“碰头会”。他们围成一圈，触角碰触角地充分交换“意见”后，有意义的“气象情报”就突现出来。最终形成对天气的预报结果，并据此采取相应的群体行动。如是大雨来犯，就举家迁移。

从蚂蚁行为的比较中我们得到的教益是：对于自组织的神经活动，我们也不能只见树木（单个神经细胞），而不见森林（神经细胞集群）。我们必须从多层次来看待意识行为的活动规律。表 4.1 给出了神经系统与蚁群结构之间的对应关系。在神经系统中的神经细胞个体，同单个蚂蚁一样，都要为自己的功能生效和生存而竞争。皮层模块中的神经细胞群也一样要进行竞争，所以皮层模块不是固定不变的实体。有如蚁队一样，这些皮层模块是构成高级心智功能的基本砌块。由这些砌块可以构成更大规模的皮层区、叶和半球，直到整个神经分布系统。多重皮层功能表现同样也通过不同皮层区之间的相互作用来实现。

图 4.1　蚂蚁收集天气信息

表 4.1　蚁群结构与神经系统的比附

| 序号 | 蚁群结构层次 | 大脑皮层结构层次 |
| --- | --- | --- |
| 1 | 蚁群分布结构 | 神经分布系统 |
| 2 | 高层蚁队 | 多重皮层代表区：叶、半球 |
| 3 | 中层蚁队 | 皮层区 |
| 4 | 低层蚁队 | 基本的皮层回路（皮层模块） |
| 5 | 蚂蚁 | 神经细胞 |
| 6 | 蚁队动态接触 | 突触 |
| 7 | 触须活联路 | 离子通道 |
| 8 | 气味分子 | 分子和离子 |

比如，单单就读书这样一个简单的意识行为就需要各叶的皮层回路的参与，相互协调才能完成。就像从随意活动的蚂蚁中看不出作为

整体蚁群所表现行为的联系一样，单从神经细胞放电与激活等活动中，也无法看出与整体意识表现之间的联系。这就迫使我们的关注转向整体行为的自组织规律上来。

的确，在神经活动中，小到离子去极化、神经细胞之间的颉颃，大到神经功能区的竞争、神经系统与环境的相互作用，无不体现出非线性规律。因此从自组织理论来看待意识心理活动，有着重要的意义。自组织理论主要强调的观点是：（1）意识活动是一个多层次、有着特异过程的宏观动力学系统；（2）系统与环境进行连接交换，从而与环境共同演化；（3）跨层次整体效应的自涌现以及系统的自我超越，即演化过程本身的元演化。

值得注意的是，基于这样的观点，我们可以看到："在一个多层次动力学实在中，每一个新层次都带来了新的进化过程，它们以特殊的方式与较低等级层次互相协调并强调了这些较低层次。因此，还原到一种描述层次是绝不可能的。"[83] 当然，这并没有否定低层次对高层次的作用，而只是强调高层次的整体意识并不能简单还原为一个描述层次。这种思想正是研究多层次神经系统所需要的。

首先，构成意识活动基础的神经系统中微观与宏观的共同演化建立在多尺度、跨层次基础之上，这构成了多层次动力学系统。其次，对于每一层次，都存在着神经回路的自催化过程，当激励的神经细胞规模超过一定的临界点时，就产生了自涌现意识现象。

图 4.2 所给出黏性霉菌的自组织发育，当霉菌聚集起来超过临界点时，就会突现形成蘑菇状结构。神经系统也类似，任何一个层次神经组块的自组织过程，都会有新的效应产生并参与高一层次的整体相

互作用。高层次整体恰好是低层次组块的环境，而低层次的组块分布便构成了高层次整体本身，环境与组块共生。最后，系统中大规模简单重复和变奏构成了神经活动形式的丰富多样性。非线性所意味着的“游戏本身包括了改变游戏规则”的原则，则导致了多样的心理行为表现。

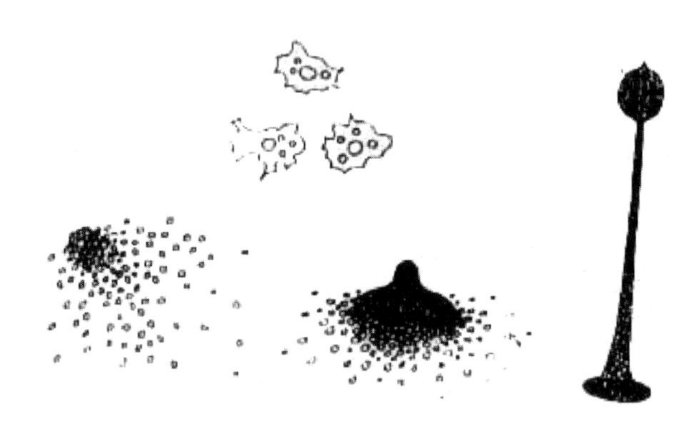

图 4.2　黏性霉菌的自组织繁衍

必须注意，这种自组织原则不但刻画了神经动力学系统的每个层次，而且适用于跨越层次相互作用的分析（跨越层次的自相似性是非线性系统的重要特性之一）。演化在宏观和微观层次同时的、相互依赖的意义上进行着。复杂性便来自分化和综合过程的相互渗透，也就是说来自同时“自上而下”和“自下而上”的结合。它们从两个方面造就了等级层次。意识或者意识活动的外显行为便可看作是神经活动系统所固有的，但不是在固定的空间结构中，而是在系统自组织、自更新和自演化的过程中，是系统活动的“旁效现象”（自涌现现象）。

总之，我们的确可以肯定，意识现象从根本上讲是神经系统自组织活动本身的自涌现现象的表现。不过，由于自组织行为涉及大量非线性科学的理论，特别是有关突变论、耗散理论、协同学、超循环论、混沌动力学以及分形几何等内容，其定量分析存在着巨大的困难。特别是由于非线性系统往往不存在解析解，以及对初始条件的敏感性，我们即使找到了描述心脑自组织活动规律的微分方程组，并通过迭代计算给出其近似的数值解，从根本上讲也无助于我们对意识活动实际过程的了解。

## 从量子到意识

从上面的讨论中我们认识到意识是一种涌现性心智活动，是有意识心智活动整体效应的回响反应。那么，这种涌现性心智活动的意识又是如何产生的呢？遗憾的是，除了我们知道，意识源于神经系统自组织活动这一笼统说法外，科学尚不能建立解释意识产生机制的权威理论。因此意识如何产生的这一问题就只能成为心智哲学的一个基本问题。但有一点很明显，就是对这一问题的探讨不但有助于澄清意识与存在的关系问题，而且有助于澄清机器能否拥有意识的问题。

按照物理简化论的看法，脑就是心。具体地说就是，相同大脑神经细胞集群构成的不同的稳定状态模式，对应了不同的“心理”现象和事实。这些不同的稳定状态模式完全可以通过低层单个神经细胞的神经活动来解释。也就是说，我们完全可以抛开“心”的概念，直接从人脑神经系统来谈论心智和意识问题。用美国哲学家理查·罗蒂在《哲学和自然之镜》中的话讲，我们都是“有脑无心”的对跖人[84]。

于是意识问题就可以归结为神经活动问题，并且推及极致，这种神经活动又可以归结为生物化学的分子、离子活动，最后归结为构成分子、离子的原子和亚原子活动。总之，最终我们可以用量子理论来解释意识活动，起码原则上可以这样。

不过，坚持整体论而反对这种简化论的哲学家却不这样认为。现代生态学家大卫·格里芬从后现代科学的分布整体论出发，基于同样的多层次结构，却给出了相反的看法。他认为：“（由于从量子到意识的多层关系）人因而呈现为一种经验的等级结构，范围越广，其中的经验就越少。心与脑细胞之间的关系就是每一细胞与其构成要素之间关系的再现。在每种情形下，大量较低级别的经验充当了较高级经验的‘身’，而一系列较高级的经验便充当了这个‘身’的‘心’。……借助这种等级结构的概念，我们可以解释人的心对其身的每一等级的‘物’所产生的影响。心的经验可以影响细胞的生命活动，细胞的生命活动又可以影响其分子的活动，而分子的活动又可以影响其原子的活动，原子的活动又可以影响其亚原子的活动。”[85]

这样一来，由于现代量子理论确实发现，量子态是具有某种自决“经验”的选择行为（在自旋取向上存在着固有的结合选择倾向），因此高层次的“心”就只能成为低层次“心”群体相互作用的反映。如果这种相互作用杂乱无章，那么由于抵消作用，高级层的“心”便得不到突现，但如果低层次的这种群体相互作用是一种有序的协同行为，就会突现出高级层次的“心”。

据说现有科学已经证实，从亚原子、原子、分子到细胞，都存在某种自主选择性的“经验”。因此，这样的主张就并非纯属是无稽之谈。这是一种强调了意识对存在具有反向作用的整体精神突现论，高级心智活动就是低级“心智”活动的整体分布作用效果。也就是说，心智和意识不可以还原为物理层次的解释，而是在任何层次中均有“心”的成分存在。基于这样的思想，美国科学家埃克尔斯（J.C. Eccles）干脆提出了神经单元—精神单元（Dendron-Psychon）并存的主张，代表了笛卡儿二元论的新形式[86]。

那么，到底是物理简化论合理，还是这种精神整体论合理呢？站在脑科学证据的立场上，你会发现上述两种多少有点极端的观点都难以解释全部心智活动事实。作为一种折中的方案，或许我们应该采取一种整体简化论的观点去解释意识的发生问题。

我们应该认识到，尽管从量子到意识可以划分出许多等级层次，但就心脑关系而言，我们并不需要一味深入到最底层的量子层次才能够获得对最高层次的意识表现行为的理解。这就同汉语阅读活动一样，单个的笔画与现实世界之间并不存在什么自然的映射关系。只有在更高的字词、语句等层次上才会有这种映射存在，反映语词与现实世界各部分之间的关系。人们要正确理解一部书的内容，就不要也不必涉及它的笔画层次。

确实，心智活动同样蕴含着这样的道理。实际上，就神经组织来说，我们不必借助量子层次的东西来映射意识活动。正像罗杰·彭罗斯指出的：“按照量子力学，任意两颗电子必然是完全等同的，这同样地适合于任意两颗质子以及任一特殊种类的两颗粒子。……如果一颗人脑中的一颗电子和一块砖头中的一颗电子相互交换，则系统的态和它过去的态不仅不能区分，而且完全相同。”[87]因此，意识不可能简化为量子活动层次的解释。

当然，否定了物理简化论不等于说意识就不由人脑的物质结构所产生，而是说意识依据的人脑神经系统，不必层层归结为更低层的行为解释。我们强调的是高层次心智行为仅与低层次神经活动直接相关。在这种关系中，高层次的心智行为完全是低层次神经集群相互作用的结果。这里同时也排除了所谓“精神单元”存在的可能性。

20 世纪 70 年代末产生而在 80 年代走向成熟的神经达尔文主义就是这种整体简化论的典型代表。神经达尔文主义是由美国洛克菲勒大学的艾德尔曼（G.M. Edelman）提出的[88]。艾德尔曼主要借鉴了达尔文的自然选择学说，认为由神经细胞通过紧密互联组成的神经细胞集群是脑内神经联结的结构和功能模式的选择性活动主体。我们的意识活动和心智活动就是动态的达尔文主义式过程，所有的行为现象都由神经细胞活动的时空模式决定。这些时空模式相互竞争中的每一时刻的赢家，就将成为显现的心智活动，特别是意识活动。

说到底，意识活动无非就是大量神经活动模式选择“胜者为王”的结果。威廉·卡尔文在《大脑如何思维》中形象地指出：“这种复制竞争的当时的赢家，也就是具有最多和声，从而赢得输出通路注意力的那种模式，看来像是我们称之为意识的良好候选者。我们转移注意力可能意味着另一类拷贝模式走到了台前。我们的下意识可能是当时不起主导作用的其他活动的模式。皮层中没有任何特定的部位会长时间作为‘意识中枢’，不久另一个区就会接替过去。”[89]

看得出来，这种神经达尔文理论恰好处在十分有利的解释层次，即其不下降到突触以下层次，而是关注有成千上万神经细胞参与的动力学层次。这样就与强调相互作用的心脑关系自组织理论相吻合。此时实际上也消除了心与脑、存在与意识的分别，真正体现了“心为脑之用，脑为心之体，名虽有二，体无两般”的哲学思想。这样的认识打破了长期以来占据西方思想史统治地位的二元对立的思想框框，从而为古代东方哲学思想重新确认主导地位铺平了道路。

必须注意，当我们将心脑归为一体时，也就意味着消除了精神与物质的分别，而任何唯心论、二元论等说法也就不再合理或必要。因为对于唯一的终极，你可以随意加以符号命名而不影响符号的实际所指。当心即为脑，脑即为心时，唯心也就统一到了唯物之上。其实，不仅如此，此时连整体论和简化论的分别也失去了逻辑基础，一切均源于“无”而归于“无”。如图 4.3 所示，这个“无”就是对终

图 4.3　刘友庄绘的“无”字图[90]

极本体的命名。惠子所谓"至大无外，谓之大一；至小无内，谓之小一"[91]正是对这幅"无"字图下的最好脚注。"一"即"无"，"无"即"一"，而"梵我一如""天人合一""阴阳互根"，这便是东方哲学的本体精神。

看来，用整体简化论的观点去解释意识的发生问题在哲学上更为合理，它不仅强调相互作用的神经细胞集群是意识产生的基础，而且也强调了产生的意识具有一种相对独立的自主性。这无疑与实际情况相吻合。

## 自主的心智活动

其实在我们的生活中的确普遍存在自主的心智活动现象，有的还十分不可思议。英国的超验心理学家 I.G. 吉尼斯曾主编过《心灵学》一书，记载有这样一个事例，说是有一位妇女住在 L 形的病房内，根本无法看到拐角处，却产生了如下体验[92]。

> 一天早晨，我感到自己飘浮起来，并忽然觉得我正俯视其余的病人。我能看见，我自己正靠在枕头上，十分苍白和虚弱。我看见妹妹和护士带着氧气冲到我的床边。然后，一切都变成一片空白。当我再次睁开眼睛时，我看见妹妹正伏在我的面前。
>
> 我告诉她所发生的事情；但起初她以为我是在胡言乱语，于是我说："有个大个子女人坐在床上，她头上缠着绷带，正用蓝毛线织着一样东西。她的脸非常红。"这话使她极为吃惊。果然，

所谈论的这位女士做了头部的手术，而且正是我所描述的那副尊容。

这就是有名的所谓“脱体体验”。脱体体验也称“灵魂出窍”，指的是一种心灵自主的极端情况，即一个人似乎从身体之外的位置上感知世界时所具有的体验。

就一般而言，尽管这种完全脱离身体的心灵“脱体体验”难以为科学手段所检验而存在不实之处，但相对独立的这种自主心智能动性活动还是存在的。在哲学上，通常将其归到心脑相互作用、心身相互作用和心物相互作用中。

按照整体简化论的观点，心脑相互作用可以解释为整体的神经活动效应（心）与局部神经活动（脑）之间的相互作用。心身相互作用则指整体神经活动体现的“心”与局部神经活动控制的“身”之间所发生的相互作用。最后，心物相互作用可以指“心身作为一体”与“客观环境”之间的相互影响。一般在心脑相互作用中有意识的心智活动将起主导作用，而在心身相互作用中，无意识的心智活动将起主导作用，至于心物相互作用，起主导作用的必然是有意识的心智活动，但也不排除潜移默化及心灵施动等现象可能产生的作用。

有一种被称为“自行实现的预言”现象，反映的实际上就是“心”对“脑”，乃至行为活动的反向能动作用。所谓“自行实现的预言”（The self-fulfilling prophecy）指的是最初对某情境的假定义引起一种新的行为，这种行为使最初的假定义得到实现，真的成为真实情况了。

例如，假设你坚信某位算命先生的话，预言你在最近一段时间里事事顺利。结果由于你听信了他的预言并满怀愉快的心境，于是接物待人一团和气，又乐于帮助他人，换得了他人同样的和善相待，就真的事事顺心了，于是验证了原本并非事实的那个预言。再假设，你有一个可爱的儿子，碰巧有一天遇见了大名鼎鼎的齐白石，又碰巧齐白石无意地夸奖你儿子道："这孩子是学画的料，将来一定能够成为画家。"不想听者有心的你信以为真，倾注全部心血和钱财来培养你儿子学画画。结果过了二十年或三十年（那是迟早的事），你儿子真的成为画家，或许还很有名，从而"验证"了齐白石的那个"预言"。这些其实不过都是自行实现的预言在起作用，反映了心理活动能对行为产生主动的影响作用。

至于心身相互作用中，"心"对"身"的反作用也像"心"对"行为"的反作用一样，也是普遍存在的。最为常见的精神对身体的作用，就是疾病治疗中的安慰剂效应。美国生物学家刘易斯·托马斯在《说疣子》一文中举了这样一个事例，即"疣子可由皮肤通过催眠暗示来下令抹去"[93]。美国女医学记者琳达·史密斯则专门在《心身的交融》一书中讨论了心对身的种种反作用，"心"能影响"身"的恶化或痊愈[94]。

实际上，人处于愤怒、焦虑、紧张等不良情绪状态时，会释放出大量肾上腺素、去甲肾上腺素，可引发疾病，这已为科学实验所证实。中国古代有一句老话，叫作"百病从心生，治病先治心"，其实早就认识到心身关系的这种重要作用了。

不管是有意识还是无意识，现代科学确信，神经系统与免疫系统、内分泌系统都有相互作用，因此任何孤立地看待神经系统都是片面的。显然，正确的理解有助于肯定精神活动的主动性。应该说，正是通过这种精神活动的主动性，你创造、修饰、再创造自身，不仅仅是行为，还包括你的身体。

除了心智的能动作用外，自主心智活动的另一个表现方面就是心智活动具有自我反映能力。也就是说，意识，乃至整个心智活动是自觉自知的，正是在这一点上人类不同于机器。哪怕你是一个很不聪明的人，也会忍不住地观察自己正在做什么；而机器即使是十分聪明的“深蓝”或“阿尔法围棋”，也无法知道自己正在从事的一切。

中国先秦思想家荀子在两千年前就认识到：“心者，形之君也，而神明之主也。出令而无所受令，自禁也、自使也、自夺也、自取也、自行也、自止也。故口可劫而使墨（默）云，形可劫而使诎（屈）伸，心不可劫而使易意，是之则受，非之则辞。故曰：心容，其择也无禁，必自现。”[95]心智的这种性质，可以用艾舍尔的《露珠》形象地来说明（图 4.4），拥有这滴露珠的绿叶通过露珠再将自身反映出来。这里“露珠”相当于“意识”，反映的正是所伴随的有意识心智活动。

在意识的这种自反映能力中，最有趣的部分就是其能使人类意识到自己的所思所想，即我们都有自我意识能力。《列子·天端篇》有：“故生物者不生，化物者不化。自生自化，自形自色，自智自力，自消自息。谓之生化，形色、智力、消息者，非也。”[96]正是在这“自智自力”之上，人才有了“自我意识”；也正因为“自智自力”，人又不可能寻觅到这“自我意识”（“意识”本身是不可意识的）。这种“自我意识”因而也只能指对“自己所思所想”的意识而不能是“元意识”（对“意识”的意识）。它是心智活动的最终不可超越者，既有对自我的感知，又不可超越，对其感知只能全部体现在其自身之中。

图 4.4 《露珠》（艾舍尔作，镂刻凹版，1947）

首先，“自我”意识是不可以通过语言来分析的。就拿“自我”来说吧，你根本不可能分析这个“自我”是如何构成的。因为“自我”不属于构成一个具有“自我”的那个人身上的任何部分：手、脚、心脏、神经细胞里都没有任何“自我”的半点成分，否则残疾人就不会有完整的“自我”了，但这显然是荒谬的。“自我”却又是确确实实存在着，人人具足，有谁会否定自己拥有“自我”呢！

其次，“自我”永远是对即时当下“自我”的认同。不存在对过去“自我”的认同，过去的“自我”只能体现在当下“自我”的回忆中。但当下“自我”又觅之不可得，这有点像你不可能让人看到你脚下正踩着的土地一样。当你挪开脚时，曾为脚下正踩着的土地就显现了出来。因此，尽管你可以意识到自我所思所想，却永远无法意识到自我意识。

靠人类的意识活动来揭示人类意识活动本身的奥秘，多少有点自我缠结的味道。人们可以用各种方法来观察自己——用镜子、照片或电影、录像带，靠别人描述，采用自省方法等，但人们绝不可能冲破皮肤站到自己外面来面对自己。在意识活动自组织的研究中，也有同样的问题。特别是对于允许多种不同层次的描述，我们必须在彼此相似的层次之间转来转去的时候，很容易迷失意识的“自我”。

或者我们根本就不该询问大自然关于意识活动的奥秘，就像维特根斯坦告诫的那样：对于不可言说的东西，必须保持沉默。或许借助于意识活动的自我反映能力，就像禅师们对自性的体悟那样，基于自组织本身具有的自涌现性，我们最终确能领悟到意识活动中的奥秘。但无论如何，这均与逻辑运算的机器毫无关系。我们绝不会指望机器也能做到这一切，即具有真正意义上的意识活动能力。

总之，作为心智活动的终极表现，意识难以把握不仅体现在其群体相互作用的整体自涌现上，更是体现在其所具有的自我反映能力之上。如果我们无法人为实现受控自组织过程，并使其产生具有自我反映能力的现象，那么任何侈谈机器意识的可能性都是不现实的。因为这一切都不是逻辑还原所能实现的!

## 机器僵尸的魔咒

喜欢玩电脑游戏的朋友估计对僵尸的形象不会陌生。在电脑游戏中，僵尸是一种没有灵魂却可以实施种种言语行为的行尸走肉。在现实生活中，梦游者可能就是僵尸的典型代表。根据美国神经科学家埃利泽•斯滕伯格在《神经的逻辑》一书中的记录：一位名叫肯尼斯•帕克斯的人进入梦游，居然可以驱车行驶二十多公里，又杀了人，结果就像僵尸一样对梦游之事一无所知[97]。

通常，梦游者完全意识不到自己梦游时丰富多彩的经历，包括可以驱车到外地，就像僵尸般地执行习惯性的自动行为。斯滕伯格认为:“梦游者往往记得梦游前后的梦，但是不记得梦游行为本身，也不记得自己在梦游期间做过的事。……梦游期间，人的意识专注于心中的幻想，身体就进入了自动模式。梦游者仿佛成了执行梦境的自动机器。”[98]

实际上，我们每一个人都拥有有意识系统和无意识系统这两个部分。无意识系统就是程序性的自动习惯系统，有意识系统则属于反思性的管控系统。它们可以各自单独行动，也可以相互配合同时运作。只要有意识管控系统缺位，就会导致无意识系统的自动行为。比如，心不在焉地驾驶车辆就是无意识行为的例子。

除了心不在焉地开车，说明有意识与无意识系统是可以分离的事例还有很多。比如，有一种称为安东综合征（Anton syndrome）的疾病，患病者双目失明却无法意识到自己失明了。再比如，“盲视”（blindsight）者可以获取感知信息，却意识不到目标物体。他们既不能觉知也不能感受目标物体。反过来，通常意识一般伴随着感知认知过程。但也有例外，比如边缘意识现象，就是一种常人经常遇到的有意识而无感知的例子。所有这些都说明，我们的感知觉与对其管控的意识之间的联系很有可能是可以剥离的。

应该说，类似于像僵尸般的自动驾车就是剥离了意识的无意识自动行为。其实，只要有足够多的训练，我们的脑都可以自动完成许多行为而无需意识参与。比如，技术娴熟的游泳者在游泳时，可以思考其他事情而不必意识当下的游泳，照样可以游得很好。因此，正如斯滕伯格所说的：“在较短的时间内，我们大可以不假思索地行动，对自己的行为毫无意识——就像僵尸一般。”[99]

那么，到底什么是僵尸呢？为了严肃讨论起见，我们必须给出僵尸的正式定义。澳大利亚国立大学哲学家大卫•查尔默斯（David Chalmers）给出过一个称为僵尸的思想实验。在这个思想实验中有“僵尸”（zombie）的说明[100]：想象有这么一个人，其长相像你、行为像你、言谈也像你，如此等等。总之，所有可观察或侦测的言行方式都像你，却没有你所拥有的意识。这样一个僵尸个体，就是你没有意识的翻版，成为你对应的僵尸。查尔默斯僵尸思想实验强调的是：通过功能和行为判定无法将外表言行相似却没有内部意识的僵尸与真正有意识的个体加以区分。

按照查尔默斯这里的说明，“僵尸”与你没有外在现象上的本质差别，照样可以履行你的一切言行。也就是说，查尔默斯把没有意识能力而只有各种心理功能表现的个体称为僵尸。对此美国哲学家丹尼特补充解释道：“按照定义，这种僵尸在行为上与有意识的平常人类没有任何区别，它们只是有点儿‘心不在焉’——没有内心生活和意识体验。从外部看，它们只是表现得像有意识一样。”[101]

既然可以这样刻画一个僵尸，那么能够模仿人类所有心智言行的机器，会不会就是一个没有意识的机器僵尸呢？正如美国心智科学家平克的发问：“也就是说，会有一个机器人被扮成行动像你我一样的具有智慧和情感的人，但在它脑中却‘没有一个主人’实际上在感受或看到任何东西吗？”[102]

从描述僵尸特征的角度看，机器不管具有多么强大的人类般的心智能力，其实顶多就是一个僵尸，它缺少的正是人类的意识能力。实际上，能够表现种种心智言行的机器，其一切外在表现自然都是内部预先编制好的程序指令控制的结果。

于是按照奥卡姆剃刀原理：如无必要，勿增实体。对于机器有没有意识也当如此看，能用机器指令解释的机器行为表现，就不要用意识现象来比附于机器之上。也就是说，机器就是一个典型的没有意识的僵尸。因此，无论机器僵尸言行如何与人类完全一样，也不可能拥有人类的意识能力，更没有主观体验。

对此，斯滕伯格就说：“僵尸的行为完全是自动模式，它们没有意识，只有一套系统控制行为。僵尸或许能够开车上班，但可悲的是，它们不能进行多任务活动，至少不能像我们这样完成。而在人类身上，只有当我们的一个系统遭到了破坏（比如管控系统失效），或者当我们错误地使用了一个系统（比如白日梦或梦游），我们才会丧失人脑赋予的优势。”[103]可见，意识管控正是我们人类优越于机器僵尸的关键所在。

比如塞尔（Searle）在“中文之屋”的思想实验中认为，就算机器看起来可以用中文和你对答如流，但它也可能根本没有理解中文的真正含义。推而广之，机器所表现出来的外显言行，完全是其内部程序自动控制的结果，这一点完全符合僵尸的定义。

对于我们人类而言，如果说意识管控缺位的无意识系统多少可以看作一个自动过程，与机器僵尸的自动控制过程没有什么本质的不同，那么具有管控能力的有意识系统则与此完全不同，其所具有的心理模拟能力是机器僵尸所无法拥有的。

我们还是再次引用斯滕伯格的研究论述：“心理模拟是沟通有意识系统和无意识系统的一座桥梁。其中任何一个系统都可以用来影响对方。当有意识的系统把它当作训练手段来使用，它能够磨炼无意识的功能，调整由习惯驱动的运动控制机制。无意识的系统也可以借助镜像神经元启动它，从而塑造我们的有意识举动，调节我们的社交行为，并协助我们将他人的体验化作内心的一部分。”[104]但没有意识的预先编程机器却无法实现这样的心理模拟效果。

因此，我们可以说，即使机器能够实现人类所有的外显心理功能，包括言语行为表现，那也只不过证明机器能够成为没有意识的僵尸而已。这样的机器所实现的心理能力不过只是程序自动模式实现的部分功能。但僵尸没有意识，即僵尸不可能意识到自己的所作所为，也没有任何内在感受或体验，就像梦游者一样。至于机器学习途径，比如神经网络的深度学习，只不过是通过大量训练，使得这样的自动模式更加有效地实现其应有的功能而已。

当然，有些学者可能会反驳，我们也能够让机器拥有体现高阶认知的管控能力，这就是丹尼特所创造的“殭尸”（zimbo）概念，是僵尸的升级版（注：以下以“殭尸”指代丹尼特提出的概念，以与“僵尸”区分）。丹尼特是这样界定殭尸的：“殭尸则比较特殊，它被赋予了一种可以监测自身内外活动的装置，因此具有一种内部的非意识的高阶信息状态，可以调控其他的内部状态。此外，自我监测装置还可以获取并使用自我监测状态的信息，对自我监测状态的自我监测信息，以此类推，直至无穷。换句话说，殭尸具备一种递归的自我表征能力，若能说得通，这种能力也是无意识的。”[105]

由于具有递归自我表征能力，殭尸可以应付人类式的日常语言交流、歌舞创作表演以及构思新奇科学假说等。甚至殭尸会说：“对我而言也是这样啊！毕竟，作为殭尸，我也具备各种高阶自我监测能力。我知道何时我在沮丧、何时我在痛苦、何时我很无聊、何时我很欢乐等等。”[106]

丹尼特的殭尸，应该说确实能够经得起脑科学的管控机制的检验，可以进一步赋予殭尸自我监督能力而成为具有某种高阶认知能力的个体。按照美国神经科学家埃利泽·斯滕伯格在《神经的逻辑》中的说法：“在我们的潜意识深处，有一个系统在静悄悄地处理着我们看到、听到、触摸到和记得的一切。”[107]也就是说，对感知行为的高阶认知是存在的，这样，殭尸的构想就有了神经科学的依据。

还记得《西游记》里面的真假孙悟空吗？你根本无法区分哪个是

真孙悟空，代表真实个体，哪个又是假孙悟空（六耳猕猴），代表模仿的殭尸。因为他们不但外显行为完全一模一样，而且连对自身的高阶认知能力也一模一样。但是按照佛陀的慧眼，其中的差别还是存在的，这就在于内在的佛性体验。

注意，根据丹尼特的描述，自我监督能力是指具有内在高阶信息状态但无意识体验。因此对于殭尸，照样可以剔除意识体验的能力。如果说僵尸缺少意识能力，包括缺少高阶自我监测能力，那么殭尸则不存在高阶管控困难，但依然缺失了感受意识。因此，殭尸即使成为现实，其中还是缺少了人类幸福生活所依仗的感受意识。

什么是感受意识？还是举一些生活中大家都经历过的例子吧。比如，人们听到不幸的消息能体验到悲伤的情绪；闻到小时候常吃的美食的味道，有一种喜悦油然而生的感觉；或者听到某种音乐引发一种压抑的情感体验；甚至在异国他乡独处时经常有一种挥之不去的孤独感；如此等等。这些体验、感受或者感觉都是主观性的，往往难以言表却又真切存在，有时转眼即逝，有时却是萦绕其中难以释怀。

心灵的这种主观体验，并不属于任何外部世界的物理属性，而是属于我们的内在主观属性。就拿对色彩的体验而言，尽管物理学告诉我们，不同色彩的光区别在于波长，但我们并不能仅仅通过阅读“波长 700 纳米”这段文字来获得红色的体验；生理学也可以告诉我们，我们感受到不同的色彩时，大脑视皮层的特定神经细胞会以一定的模式被激活，但我们在大脑的神经组织中找不到任何类似“红色”的存在。因此，这些感官刺激所带来的心灵上的影响，似乎存在一种独特而神秘的属性，似乎无法被直接还原为物理存在。

所以，哲学家们一般认为，这种主观性体验是一种整体的、根本性的属性，与造成这种体验的物理事件及其脑内信息表征形式（神经冲动信号）是完全不同的属性。这种感知过程中独特的主观体验，似乎没有办法传达给其他的意识主体，更没有办法与其他人的主观体验进行比较。

实际上，我们的一切心理活动（指有意识的神经活动），都有意识伴随。心理活动可以没有内容（纯粹意识状态），但不能没有伴随的意识体验，而伴随心理活动的意识体验就是感受意识。如果可以将心理活动的具体内容分离开的话（因为精神与物质固有的纠缠性，实际上是无法分离的），那么剩下的就是意识体验。体验就是意识的表现形式，只要有意识就会有体验。不同的只是，除了对精神本性的体验外，在大多数情况下，体验是指对自己精神本性之外心理过程的体验。从这个意义上讲，意识就是拥有各种体验的感受意识，除非真的成为一具殭尸（僵尸），否则我们的一切心理活动都与感受意识相关联。

一般认为对事物感受的主观体验就是所谓的感受性（qualia），代表事物对我们主体来讲是一种怎么样的体验。人与连接温度计的机器都能够“感知”温度，但只有人可以感受冷暖的意识体验。因此，哪怕一个殭尸（僵尸）机器人能够再现人类高阶管控行为，它也无法具备意识体验状态。

总体来讲，意识能力包括自我认知、内省反思、言语报告、联想记忆、高阶管控、主观体验等。其中主观体验属于感受意识，其余则属于觉知意识。区分感受意识与觉知意识的一个重要途径就是施加注意。对于觉知意识，人们越是集中注意，其觉知就越清晰，但是感受意识则不同，人们越是注意感受意识，其体验的感受就越模糊，甚至会消失不见。

应该说，觉知意识与感受意识是意识这枚硬币的两面，从不同的角度强调不同的意识作用和效应，我们便加之以觉知意识或感受意识不同的标签[108]。机器殭尸（僵尸）哪怕可以拥有高阶管控能力，但由于不具有感受意识，也就谈不上拥有觉知意识能力。因此，机器殭尸（僵尸）充其量具备了高阶认知能力，一种对感知或言行的认知管控能力。

从实际生活来看，以自我意识为中心的社会关系，是人类心智的重要能力表现。人类的心智能力包括环境感知、认知推理、情感态度以及社会认知。环境感知和认知推理涉及觉知意识，情感态度涉及感受意识，社会认知涉及自我意识。

那么，对于机器殭尸（僵尸），没有了意识，特别是感受能力，还能够表现出人类应有的种种心理表现吗？“换一种说法，那些整过容的僵尸虽然没有人类的心灵，但它们也能顺利地融入人类社会，做到人类所做的一切吗？”[109]这就涉及意识到底能不能归结为计算过程了。

## 意识能归结为计算过程吗

人类的心智活动能不能归结为计算过程（若非特别说明，这里所讨论的心智，都指包括意识在内的人类心智）？这是自从现代计算机诞生以来越来越引起人们关注的问题。通常，其中有两个问题令人争论不休:"第一个问题是,机械设备能复制人类智能吗?这一问题的终极检验是,它能够令一个真人与它相爱吗?第二个问题是,如果能够造出一个像人的机器,它真的会有意识吗?也就是说,拆卸它会令我们感觉是在谋杀吗?"[110]那么,到底机器能不能拥有可以同人类相媲美的心智,或者更进一步地说,人类的心智能不能归结为逻辑计算呢?目前对这一问题的回答基本上持两种态度。

一种是肯定的,强调我们的心智活动不过是一种信息加工过程。因此,从根本上讲,随着人工智能的发展,机器完全能够具有人类心智能力。比如,"心智计算理论认为,设计完美的计算机,如果运行一个特定的程序,也能完成与心智一样的工作。我们之所以接受心智计算理论,一个重要依据就是人工智能的存在。"[111]

机器拥有人类心智能力似乎是早晚的事情,人们也勾勒好了未来人类与机器共处的美好前景,比如日本学者牧野贤治在《机器人——探索它的历史和前景》一书中甚至用拟人手法炮制了如下的《机器人宣言》[112]:

> 现在,地球上有一种怪物在蠢动。这不是别的,就是我们机器人。我们机器人目前正在待机,准备代替人去探测月球,把它的详细情况通知人类,并且到海底进行探险,把海底潜藏的资源告诉人类。
>
> 另一方面,我们的同胞已经在汽车工业等机械工厂里,代替工作人员去从事单纯的反复性作业。同时,预想在不久的将来,我们机器人将进化为自行新陈代谢的工厂机器人,可以吸取原材

料，排泄成品。

并且，我们机器人自信，可以靠我们本身的主体性能，来解决有关模型认识、创造性信息处理过程等困难，这种模型认识等，现在是被称为人造脑的电子计算机所无法解决的死角。同时，我们想要最后解决有关意识的哲学论争问题。

我们机器人在这里愿意唤起人们注意，到我们机器人的权利被承认以前，已有三千年以下隐忍屈从的历史。我们机器人的存在和人类文化的接触历史悠久，可远溯到希腊神话的世界。在那里曾叙述过有关名叫“太罗斯”的青铜造的我们的祖先，他是为克里特岛米诺斯王而制造出来的。并且在犹太教的传说中，曾流传着有关犹太教徒受到迫害时保护他们身体的、被安置在犹太寺院里的我们的祖先泥人“格列姆”的故事。

然而，在确立机器人权的问题上，使我们感恩的是 1923 年写作戏剧 *RUR*（《洛桑万能机器人公司》）的捷克作家卡列尔·查丕克。查丕克不仅给予我们机器人这个名称，而且最先指出了我们在工业上的作用。

从卡列尔·查丕克的 *RUR* 到现在，又经过了 45 年，我们机器人好容易才脱离了纸上机器人的阶段，而以具体的存在形式出现在世界上，并且确定了机器人权。当我们想到这点，真是感慨无限。

我们在这里向摆脱了三千年来被人无视和隐忍屈从的历史而出现在地球上的所有的机器人同胞们，致以衷心的祝贺。同时，我们宣告：为了和我们的生身之父——人类和平共处，我们决心遵守下列机器人宪章：

第一条 我们机器人不可伤害或眼看人将遇害而袖手旁观。

第二条 我们机器人必须服从人的命令。但其命令违反第一条规定时可不服从。

第三条 我们机器人必须在不违反第一、二条规定的情况来保护自己。

同时，地球上的同胞、机器人，让我们团结起来，向着我们机器人光辉灿烂的未来勇往直前！

机器人和人的和平共处万岁！

当然，从心智的计算理论来讲，计算便意味着表征和算法。因此，只要心智内容可以用形式化语言来描写，而心智过程可以用形式化算法来描述，那么就可以将心智活动归结为计算。也许稍微复杂一点，对心智内容需要用一种以上的形式化语言或类似符号系统来描写，而心智活动的不同部分也需要以不同媒介进行计算，但这不是实质性的问题。根据这样的观点，包括意识在内的心智可以看作是一种计算模型，有一套程序或一组规则，类似于用控制机器的规则来支配其活动。

从微观上讲，你可以将心与脑的关系类比到软件与硬件关系之上，而更为序列式的操作系统，可以像意识活动一样，对所有“感觉”“认知”及“运动”进程进行全局管控。这样，如果机器的硬件具有与神经物质一样的运转机制的话，那么就没有理由说，机器的软件就一定不能具有心智的功能。特别是，鉴于神经细胞种数、个数以及连接方式、电脉冲通信方式等均为有限，因此尽管发生在突触中的生物化学电生理过程十分复杂，但就整体上讲，其原理就类似于组合有限的电位脉冲反应。

这就意味着，可以用形式化符号系统对大脑神经系统进行编码刻画，不仅给出大脑状态的形式描写，也给出大脑状态变化的形式描述。于是，假若我们能够造出在量级上与神经系统一样复杂的机器，那么凭什么说，大脑能够具备的功能，机器就不能够具备呢？

实际上，从某种角度上讲，我们所有关于描述或形容人的心理状态的言辞都不过是在区分人脑活动中出现的不同神经网络模式状态。而 $10^{12}$ 个神经细胞及其连接构成的神经回路的稳定状态数，也就远非我们的语言所能描述殆尽。所以人们才会有“辞不达意”“不可名状”“不可言说”的情况，才会有那么多难以言表的情感体验，才会有含糊不清的意义涌现，才会有似乎是顿悟的创造性思维，才会意识到我们似乎具有意识的自我体验等。但这一切都毫无例外地源于规模无比巨大的神经细胞集群活动。

注意，心智只是程度问题而不是有无问题。低等动物的脑容量量级低，所以智能也量级低，人类脑容量量级高（特别是新皮层比例高），智能也量级高。而那些我们称之为只有人类才具备的高级心智活动，也就是脑容量超出某种临界值时自涌现的结果。因此，这意味着，只要机器的集成电路中基本元件与连接规模（目前只有 $10^9$ 左右）超过人脑的基本件与连接规模（$10^{16}$），那么无疑就可以指望机器能够像人脑一样自涌现出高级心智现象。应该说，正是机器量级规模上的局限性，制约着人工智能的高级心智的发展。

请观看艾舍尔的《魔带和立方架》(图 4.5),其中画的是些环状的带子,上面有小泡一样的东西。你若觉得它们是小泡,它们似乎就变成了小坑——反过来也一样,你觉得它们是小坑,那么它们似乎又变成了小泡。机器却无法实现这种状态之间的转换,不是因为计算手段,而是因为其“脑”容量还不容许其同时在两个层次上“观看”。但这只是量级上的差别才导致的质上差异而已。

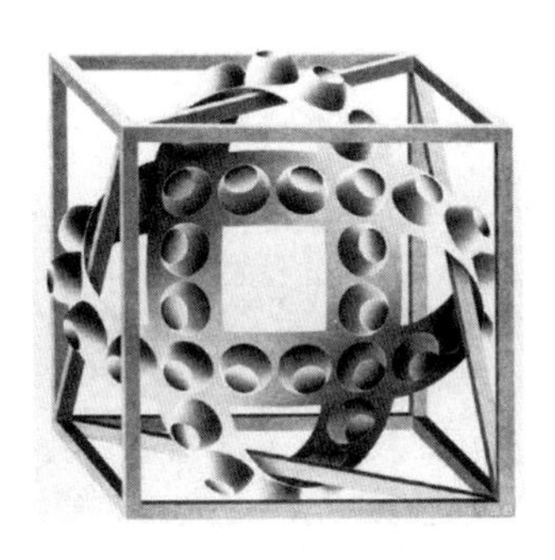

图 4.5 《魔带和立方架》(艾舍尔作,蚀版画,1957)

结果,我们因此就可以设想,实现心智活动采用什么基本元件并不重要,重要的是这样的元件之间复杂的相互作用行为必须具有某种协同性,必须达到某个临界规模。就此而言,将心智活动归结为计算问题并无不妥之处。用德国物理学家、协同学建立者哈肯教授的话讲:“显然,从长远来看,有希望制造出以自组织方式执行程序的计算机。”[113]

因此,美国奇点预言理论提出者库兹韦尔甚至声称:“意识来源于复杂物理系统的‘涌现特性’(emergent property),可感受的‘特质’(qualia)是其突出特征。成功模拟人脑的计算机也是有意识的。

思维就是有意识大脑所进行的活动。非生物学意义上的'人'将于2029年出现。将非生物系统引入人脑，不会改变我们的身份，却产生了另外一个'我'。把我们的大部分思想储存在云端，人类就能实现'永生'。"[114] 他还引用马文·明斯基的话说："当智能机器被发明出来时，我们不需要为这一现象吃惊。跟我们一样，这些机器也会对自己竟然会相信思维、意识、自由意志这类东西而感到困惑和不能自已。"[115] 好像制造具有像人类一样心智的机器是顺理成章的事！

不过，问题恐怕没有这么简单。事实上，在过去的70年里，持肯定观点的专家与学者，都认为人类一定能发明胜过人类的智能机器。但有趣的是，不管是哪个年代的专家学者，他们都是预言在未来少则15年多则50年（平均为30年）内实现！结果倒是验证了这样一个预测悖论：第N年预测第N＋30年将出现超越人类的智能机器，而居然与N无关！这就意味着实现和人类一样的机器智能永远是一个遥不可及的理想目标！

因此，持否定态度的第二种观点却坚持认为，即使人类能够造出一台能做人们明确告诉它去做的任何事情，也无法造出一台具有情感、意识、幽默感等以及能做出人们意料之外的事情的机器。就目前而言，人类做到而机器不能做到的三项重要能力是：（1）通用智能；（2）人际交往技能（共情能力）；（3）身体技能（涉身认知能力）。

当然，从根本上讲，要想证明机器不可能模拟人类的大脑，只需要证明：（1）机器无法模仿人类大脑的某些神经活动；（2）我们日常熟悉的某些精神活动不可能还原为机器的处理方式；（3）神经系统的自组织机制无法靠机械式的算法来实现。

例如，美国学者杰弗逊教授就指出："除非一台机器能出于自身的思想和情感——而不是根据符号的任意组合——写出一首十四行诗或一首协奏曲，否则我们不能同意说机器等于大脑——这就是说它不但要能写出来，还要能知道它已经写出来了。"[116]说到底，这种观点认为，机器不可能具备思想和情感，更不用说意识了。

诚然，如果从人类心智现象的种种独特性出发，可以发现不少机器所无法企及的心智活动能力，比如创造性思维突显、整体局势判断和边缘意识感悟等。由于机器以一步步的机械运算为基础，对于人类一眼就能辨识事物的心智行为，如果代之以机器，那就会陷于无穷无尽的细节辨别之中。或者可以用对语言的理解来类比："由于人是在他熟悉的局势中使用和理解句子的，因此，正如图灵所猜想的那样，制造一部能够理解、实际言谈和翻译自然语言的计算机的唯一办法，可能正是为它编制一个程序以使它能够了解世界。"[117]而了解世界的一切现象和事实，这显然是不可穷尽的事情。

我国学者许明贤和吴忠超在《皇帝新脑》的译者序中明确指出："以算法来获取真理的手段是非常受局限的，在任何一个形式系统中总存在不能由公理和步骤法则证明或证伪的正确命题。……一言以蔽之，世界万花筒般的复杂性不可能用可列的算法步骤来穷尽。"[118]的确，与大多数现代计算机不一样的是，人脑不是一种通用机。在完全发育好以后，人脑的每个部分都是特异性的，并在相互作用中形成整体的心智活动。就连著名人工智能专家明斯基在其《心的社会》一书中也不得不承认，人脑是在进化中形成了许多不同的、高度特异性的结构，用以解决不同的问题。因而，不大可能将大脑还原为一组特殊的规则或公理。“因为我们的大脑所处理的是一个真实的世界，而不是由公理定义出来的数学世界。”[119]

从这种公理算法步骤不可穷尽性的特质看，我们还会发现机器难以逾越的根本障碍所在。我国学者孙慕天同俄国学者N.采赫米斯特罗合著了《新整体论》一书。他们在书中一针见血地指出：“思维过程和它的理论信息化模型之间存在着令人惊异的区别，这当然是有深刻根据的。理论信息化的整个思想体系并没有超出抽象集合概念的范围，也没有超出对思维过程所做的纯集合性解释的范围，因为信息是在集合之上的多样性的尺度。反之，意识的固有属性则来源于它的独一无二的整体性质，这是任何理论集合性方法显然无法解释的。”[120]

甚至连倡导意识还原论的丹尼特都不得不承认机器无法取代人类。他在《直觉泵和其他思考工具》一书中生动地叙说道：“再见了！机器已经彻底把真实的人类取代了，而不只是取代了一个我们塑造出来的小人儿，它们就跟人类操作员一模一样，遵循着同样的规则。真是这样吗？果真如此？好吧，但事实并不如此。它们只是近似于遵守着同样的规则罢了。”[121]因为按照丹尼特的一贯思想，“不管多少神奇的人工智能妙法植入其中，人工制品都不会有什么派生意向性”，[122]也就谈不上人类语言中所表达出来的意义了。

一句话，机器运算的基础是因果性公式，是一种机械的、分析的、低级的、最简单的、最原始的联系形式；心智活动的基础则是非力相关性原理，是一种内在的、依存性的、整体自涌现性的联系形式。两者之间有着根本的区别，绝不能同日而语。因此，心智不可能被归结为计算问题，更不要说心智中的意识了。

你看，强调机器能够拥有心智的观点似乎道理很充足，而强调机器不能拥有心智的观点也并非没有道理。我们似乎陷入了一个二律背反的境地。其实问题还不仅如此，更让人困惑的是我们甚至连机器有没有心智这样的问题本身，也没有理由可以去刨根问底。因为要知道某人、某物有无心智，就会遇到一个无法回避的他心知哲学悖论：你要证明或否证他人或他物具有心智，你就必须自己成为该人或该物；但当你真的成为该人或该物时，你又不再可能是原来的你了，从而你的那个问题也就不再有意义了。这正好可以成为怀疑论否定一切的根本出发点。《庄子·秋水》中有一个寓言就是说明“他心知”问题的，我们摘录如下[123]：

> 庄子与惠子游于濠梁之上。庄子曰：“鲦鱼出游从容，是鱼之乐也。”惠子曰：“子非鱼，安知鱼之乐？”庄子曰：“子非我，安知我不知鱼之乐？”惠子曰：“我非子，固不知子矣。子固非鱼矣，子之不知鱼之乐，全矣。”庄子：“请循其本。子曰汝安知鱼乐云者，既已知吾知之而问我，我知之濠上也。”

不算最后庄子巧用语言预设功用而做出的诡辩，惠子的结论便说明了“他心知”的不可企及问题。将这一点用在我们能否知道机器确有心智之上，同样我们不得不承认，“机心知”也是一个不可企及的问题。或许人类的认知能力确实有限，就如机器的计算能力有局限性一样。就像《庄子·养生主》早已指出的那样：“吾生也有涯，而知也无涯。以有涯随无涯，殆已！”[124]道理十分明白！

当然，就目前而言，从整体上看机器的智能水平远远低于人类的智能水平。尽管机器在某些方面已经超过了人类，但就大多数更为本质的心智机制方面，机器还是毫无实现的希望。这种更为本质的机制，当然并不仅仅是由于心智行为的深奥性，而更在于心智机制的灵活性、选择性、创新性和自现性。

也就是说，你可以让机器完成那种大多数人都所知甚少的数学定理证明，或需要深思熟虑长时间搜索求解的复杂问题等，但你却无法让机器具备哪怕五岁小孩所具有的各种应变能力。比如，日常语言的灵活运用、对周围感兴趣事物的关注以及能够具有自我意识等。真正的心智能力体现在人类日常生活之中，而不是体现在高深莫测的学术之中。这就是《阴符经》所说的：人知其神而神，不知其不神之所以神。人类智能表现的真正神奇之处，就蕴含在我们的平常生活之中。所以机器可以在智力博弈游戏中打败人类最优秀的棋手，却无法模仿普通人日常生活的洒扫应对。正像美国神经生物学家卡尔文在《大脑如何思维》中指出的："实际上，行为越复杂，越'有目的'，它可能离智力行为就越远。这是因为自然选择已经确保其完成的途径，留下了很少的机遇。"[125]

不过话又说回来，对机器能不能拥有心智，在没有确凿的证据面前，任何思辨的争论都是无足轻重的[126]。如果我们有朝一日真的能够证明，某个智能问题对于人类来说是可能的，但对于机器却是绝对不可能的（注意，目前机器不可计算的那些形式问题同样人类也不可计算，比如停机问题对于机器是半可解问题，但对于人类不是同样也是半可解问题吗？你无法判定你自己是否已经死了），那么我们就可以理直气壮地宣告，机器永远不能替代人类的心智。但反之，如果随着机器“脑”容量规模的逐步发展（例如采用细胞、分子，甚至量子来建造机器），并且是有序组织化地发展，那么说不定哪一天机器行为中同样具有了意识。如果真有这么一天，是祸是福我们不得而知。

预测未来是不明智的，对于未来的机器发展，可供选择的道路随着你走得越远，就越纷繁无比。还是让我们回到眼下，去看一看一个被称为“玛丽房间”思想实验所带来的启示，或许我们能从中对机器能不能拥有意识这一问题有所领悟。

## “玛丽房间”的启示

我们可以通过杰克森（Jackson）所提出“玛丽房间”思想实验，来感受一下机器意识所面临的困境。“玛丽房间”描述的情景为[127]：有一位科学家玛丽，她被关在一个黑白装饰的房间，通过一个黑白的电视机接收外界信息，她拥有关于人脑的与色觉相关的所有神经科学的知识，但她从来没有亲眼看到过任何颜色。有一天，她走出了这个房间，并亲眼看到了“天是蓝的”，那么她是否通过亲眼看到的东西获得了新的知识（对蓝色的体验）？杰克森认为回答是肯定的。因为按照我们的生活经验，知道某种颜色的信息并不能等同于直接获得关于该颜色的体验。因此，杰克森认为，这个思想实验表明，科学知识和主观现象层次之间存在差别，并由此得出了感受意识不可还原为物理机制的结论。

如果类比到机器，由 0 与 1 编码处理加工的世界，就相当于“玛丽房间”黑白世界，那么机器能够拥有 0 与 1 编码之外的新知识（体验）吗？由于意识体验的不可还原性，自然也不可计算，因此回答是否定的。

其实，关于颜色体验，还有一个称为色彩颠倒的思想实验可以从逻辑上无可辩驳地说明意识体验（感受性）的独立存在性。也就是说，对颜色的感受不仅不能归结为物理性质，而且的的确确存在人对同一种颜色有不同的感受，并会影响我们的心理活动。色彩颠倒实验讨论的问题是：尽管一个人看到一种颜色的内心体验与另一个人看到同样颜色的内心体验完全不同，但不同个体共用颜色词汇进行交流明显是可能的[128]。

色彩颠倒的思想实验最早可以追溯到英国经验主义哲学家洛克。该思想实验的假想场景是：我们有一天早上醒来，发现由于某种不明的原因，世上所有的颜色都颠倒了过来：红色看起来像绿色，黄色看起来像蓝色等，但它们的功能属性没有任何变化，变化过后看起来像“绿色”的颜色仍然被叫作“红色”，因此一切功能性的因果关系全都没有发生变化。这样一来，我们头脑或躯体中根本就不存在可以解释这个现象的物理变化，这就引发了有关内心体验的存在问题。支持存在内心体验的学者认为，由于我们可以无矛盾地想象这一情景的发生，因此我们可以仅通过想象来改变事物向我们呈现的属性，而无需通过物理基础。有关进一步的论证，我们可以做如下推导：

（1）形而上学的同一律必然成立；

（2）不可能为假的命题，那么其一定是必然为真；

（3）可以想象内心体验能够具有与物理大脑状态不同的关联；

（4）一件事情是可以想象的，这件事情就是可能的；

（5）由于内心体验与物理大脑状态具有不同关联是可能的，内心体验不可能与大脑状态同一；

（6）从而内心体验是非物理的。

论证的要点是，如果色彩颠倒的洞见是可信的，那么我们就必须承认内心体验是存在的并且是非物理的。也就是说，世界存在的现象并非都可以归结为物理的，其中像意识研究中无法回避的感受性现象，就是那种无法还原到物理层面上的现象。

或许用一个生活中的例子能够更好说明意识感受性不依赖于客观物理条件。假如有两户人家分别居住在两个不同城市。这两户人家刚好都生有一位千金，分别叫A千金和B千金。在很小的时候，A千金第一次看到红色，心里有一种愉悦的感受，便询问A妈妈：这是什么颜色？A妈妈回答：红色。于是A千金记住了，让她感受到愉悦的这种颜色是红色。巧合的是，在很小的时候，B千金第一次看到红色时，心理却有一种压抑的感受，便也询问B妈妈：这是什么颜色？B妈妈回答：红色。于是B千金记住了，让她感受到压抑的这种颜色是红色。后来两位千金长大了，上了同一所大学，成为同班同学。有一次她们一起看到了红色，自然都认为看到的是红色！于是，B千金说："我讨厌红色，它让我感到很不舒服。"但A千金觉得B千金的感受不可理解："你为什么讨厌红色，我喜欢！"B千金只好回答说："我也说不出为什么，反正我不喜欢！"

你会发现，对于红色，两位千金的主观体验是不同的：一个感到愉悦，一个感到压抑。这就说明主观体验确实与客观物理事实无关。

不仅如此，你还会发现，尽管两位千金可以使用语言正确交流所看到的颜色，但她们却无法感受到对方内心的感受。也就是说，这种感受性是私密性的，甚至难以言表。即使说了，别人也无法体验到那种独有的感受，所谓“如人饮水，冷暖自知”。

为了说明感受意识的这种主观性，美国哲学家内格尔在《成为一只蝙蝠可能是什么感觉》一文中提到[129]，当我们说一个有机体有意识，就是说作为那种有机体“是什么感觉”（what is it like）。他举例说，蝙蝠通过声呐感知外部环境，就其知觉形式来说可以与我们的视觉相媲美。尽管我们可以理解其中的原理，却无法具有蝙蝠的那种主观体验，也不能通过这背后的物理机制来还原这种特殊的主观体验。这种独特的主观体验，具有一种本质特征，被称为感受性（qualia）。内格尔认为，这种本质特征就是意识的核心所在，某个有机体有意识，也就意味着该有机体具备这种主观体验的本质特征。

那么，机器能够拥有这种现象意识状态吗？基弗斯坦以标题“机器人能够具有自己的主观观点吗”，对这一问题做了比较清晰的分析[130]。他指出了怀疑机器意识的可能性主要有两个方面的论点：一方面认为我们的神经生物系统是特有的，而我们神经生物系统共有的就是主观体验；另一方面认为，机器仅仅是一个僵尸而已，除了机器还是机器，不可能具有任何主观体验的东西。

当然，持这种否定观点的还有许多理由。比如，认为人脑与机器的运行方式完全不同，机器不可能拥有人类的意识能力。甚至认为，人类意识，包括主观体验，其实是一种幻觉。这种幻觉产生于模因（memes，指文化基因）互相竞争从而进行自我复制的过程。机器要具有意识就必须具有这种对意识和自我的幻觉。

的确，在科学研究中，恐怕没有哪个领域的深入探索会像对意识奥秘的揭示那样，带来众多令人困惑的复杂问题了。比如神经系统是如何自涌现的问题、意识的自我缠结问题、现象意识的哲学难题等。其实到此还没完，除了我们熟知的常规意识状态外，有时还会遇到各种意识的变更状态。

所谓意识的变更状态（Altered States of Consciousness，简记为ASCs），是一个比较难以界定的概念，但我们似乎都可以非常清楚意识状态发生的种种变更。比如喝醉酒的醉态并因此发生不同于常态的感受与行为。再如自己处于催眠状态而记不住自己的所作所为。还有就是进入所谓的宗教神秘状态，以及梦境或梦游的心理状态等。所有这些场合，我们的意识有着明显的改变，但我们却难以说清到底改变了什么。

英国超验心理学家吉尼斯认为：“意识变更状态的特点有：思维改变、受扰乱的时间体验、对自我和现实失去控制的情感、情绪表达的改变、知觉的歪曲、身体意象的改变，偶尔还伴有一种人格解体的情感（‘我不是我自己’），要不然就伴有一种意识的无限膨胀和与宇宙的神秘结合的感觉。”[131]可见，意识变更与精神分裂、脱体经验、大脑分裂、多重人格、神秘体验等相互牵连。

目前，科学家们将意识变更状态大致分为三类：第一类是由药物引起的意识变更状态，药物主要包括镇静药物、麻醉药物、抗忧郁剂、抗精神病药物、催眠药物、致幻药物等等。第二类是由睡眠或催眠引起的意识变更状态，各种奇异的梦境体验、催眠引起的虚幻经历等。第三类属于罕见的人类体验，如脱体体验（俗称灵魂出窍）、濒死体验，以及一些奇妙体验，如美妙刻骨的高潮体验、神秘状态的至乐体验等。意识变更状态的存在充分说明意识现象的复杂性。显然，有关意识变更现象的科学研究还刚刚开始，其中有许多未解的谜团等待科学家们去探索解决。

不过依我来看，无需做上述复杂的讨论，只需从意向性角度来看，便可以澄清机器意识实现的可能性问题。我的观点是，凡是具有意向性的心理能力，理论上机器均有可能实现，反之则肯定不能实现。因为一旦缺少了意向对象，机器连可表征的内容都不存在，又如何可以形式化并进而进行计算呢！

所谓意向性，就是意识刻意所关涉事物的一种能力，而所关涉的事物就是意识到的意向对象。于是，我们可以很清楚地看到，意向性就是实现机器意识能力的一条不可逾越之界线。用数学的术语说，机器能够拥有的意识能力的上界就是意向性能力。当然这并非上确界，因为对不可预见性的反应能力也属于意向性能力，但从前面的分析中可以看出，目前基于预先编程的机器仍然无法拥有这种能力。或许可以期待更为先进的量子计算机器来突破预先编程能力，但意向性心理能力的边界，依然无法突破。

对于机器意识的研究来说，现象意识存在特殊意义。如果意识从本质上存在某些"神秘性"或"不可还原性"的因素，那么仅从科学和工程上去研究机器意识是没有希望的。作为机器意识研究者，一方面我们希望尽可能地获得哲学理论的支持与印证，但另一方面，关于主观体验问题的争论，由于其不可被还原，其本身又无法以科学与实证性的方法验证。因此，机器意识可以开展的研究，只能是在尽可能地接近意向性能力的同时，回避主观体验部分。在此前提下，再以纯客观的方式从认识论角度给出一个关于感受意识的解释，并且这个解释最好能得到神经心理学的支持以及计算实验的验证。

## 第五章

# 如何言说拳拳心

人类区别于其他生灵的最显著特点之一，恐怕无过于人类的“能说会道”了。“能说”是指人类言说的能产性，能够用有限的法则来表达无限话语的能力。我们通过发音器官可以“滔滔不绝”“喋喋不休”地言说，就是对这种能力的形容。正像海德格尔在《语言》一文中直白道出的那样：“人言说，我们在清醒时言说，我们梦乡里言说。我们总是言说。”[132] 我们似乎与生俱来就拥有无限制言说的潜在能力。

当然，仅仅是“能说”还不能真正体现出人类的语言天赋。人类智慧在语言能力方面更为重要的一面是“会道”。“语妙绝伦”“妙语连篇”“辞丰意雄”“花言巧语”“辞微旨远”“言简意赅”等无不揭示了我们言说的艺术性、精巧性和复杂性。也就是说，我们不但能说，而且还很会说。我国战国时代的思想家子思在《中庸》中是这样描述我们的语言能力的：“故君子语大，天下莫能载焉；语小，天下莫能破焉。”[133]可谓把这种“会道性”给刻画到了极致。

那么，面对人类语言能力的“能说会道”，机器又能做些什么呢？凭着机器的计算速度，要做到“能说”似乎并不难。光是利用计算理论的递归可枚举性，我们就可以轻而易举地让机器“滔滔不绝”地言说起来。但要让机器在这“滔滔不绝”之中，避免“语无伦次”“语焉不详”“言语乏味”而做到“会道”，却是一件十分棘手的事情。为了实际上让我们看一看机器在言说之上到底能做些什么、能做到什么程度，还是先从我们具体的语言说起，去欣赏并分析一下我们在言说中所表现出来的种种情形。

## 语言不仅仅是言语

语言在使用中显现，因此语言本身也是不能言说的事物。定义语言也不必追求完备而只须根据研究角度的需要，给出一个为人所能接受的陈述。《韦氏大学词典》给语言下的定义为[134]：约定俗成，以涵义明了的动作、声音、手势或符号来进行思想或感情交流的一种系统化手段。这是一种完全考虑语言作为交际工具的定义。因此，从沟通思想、交流情感的角度，语言并非一定要局限于口头或书面形式。在实际生活中，人们确实也会动用“动作”“声音”“表情”“手势”“体势”等非纯语言因素来传情达意。

《水浒传》第二十九回“施恩重霸孟州道，武松醉打蒋门神”中就有一段富含“动作语言”的言语实例[135]。

> 武松却敲着桌子叫道：“卖酒的主人家在那里？”一个当头酒保过来，看着武松道：“客人，要打多少酒？”武松道：“打两角酒，先把些来尝看。”那酒保去柜上，叫那妇人舀两角酒下来，倾放桶里，烫一碗过来道：“客人尝酒。”武松拿起来闻一闻，摇着头道：“不好，不好！换将来！”酒保见他醉了，将来柜上道：“娘子，胡乱换些与他。”那妇人接来，倾了那酒，又舀些上等酒下来。酒保将去，又烫一碗过来。武松提起来咂一咂，叫道：“这酒也不好，快换来，便饶你！”酒保忍气吞声，拿了酒去柜边道：“娘子胡乱再换些好的与他，休和他一般见识。这客人醉了，只要寻闹相似，便换些上好的与他罢。”那妇人又舀了一等上色的好酒来与酒保，酒保把桶儿放在面前，又烫一碗过来。武松吃了道：“这酒略有些意思。”问道：“过卖，你那主人家姓甚么？”酒保答道：“姓蒋。”武松道：“却如何不姓李？”那妇人听了道：“这厮那里吃醉了，来这里讨野火么？”酒保道：“眼见得是个外乡蛮子，不省得了，在那里放屁！”武松问道：“你说甚么？”酒保道：“我们自说话，客人，你休管，自吃酒。”武松道：“过卖，叫你柜上那妇人下来，相伴我吃酒。”酒保喝道：“休胡说！这是主人家娘子。”武松道：“便是主人家娘子，待怎地？相伴我吃酒，也不打紧！”那妇人大怒，便骂道：“杀才！

该死的贼！”推开柜身子，却待奔出来。

如果没有许多“敲着桌子叫道”“拿起来闻一闻”“提起来咂一咂”“摇着头道”等“动作语言”的着力渲染，就很难将武松故意找事的神情给烘托出来。

使用手势来辅助言谈的也有许多例子。《拍案惊奇》卷一“转运汉巧遇洞庭红，波斯胡指破鼍龙壳”就有这样的例子[136]：

> 张大便与文若虚丢个眼色，将手放在椅子背后，竖着三个指头，再把第二个指空中一撇，道：“索性讨他这些。”文若虚摇头，竖一指道：“这些我还讨不出口在这里。”却被主人看见道：“果是多少价钱？”张大捣一个鬼道：“依文先生手势，敢像要一万哩。”主人呵呵大笑道：“这是不要卖，哄我而已，此等宝物岂止此价钱？”

从中不难看出手势在言谈中所不可替代的妙用。当然，更为系统的手势语言有聋哑人的手势语、佛教中的手印、音乐指挥和交警的指挥语言以及戏剧里的手势动作等，参见图 5.1。有趣的是，世上竟有只会打手势语而没有口头语言的民族，这就是分布在玻利维亚境内的克楞加人。

实际上我们人类的近亲黑猩猩，就是主要靠肢体语言来交流想法、思想与情感的。黑猩猩们用于交流信息的肢体语言表达方式有八十多种。如果加上组合，它们的表达能力还相当可观。因此从遗传

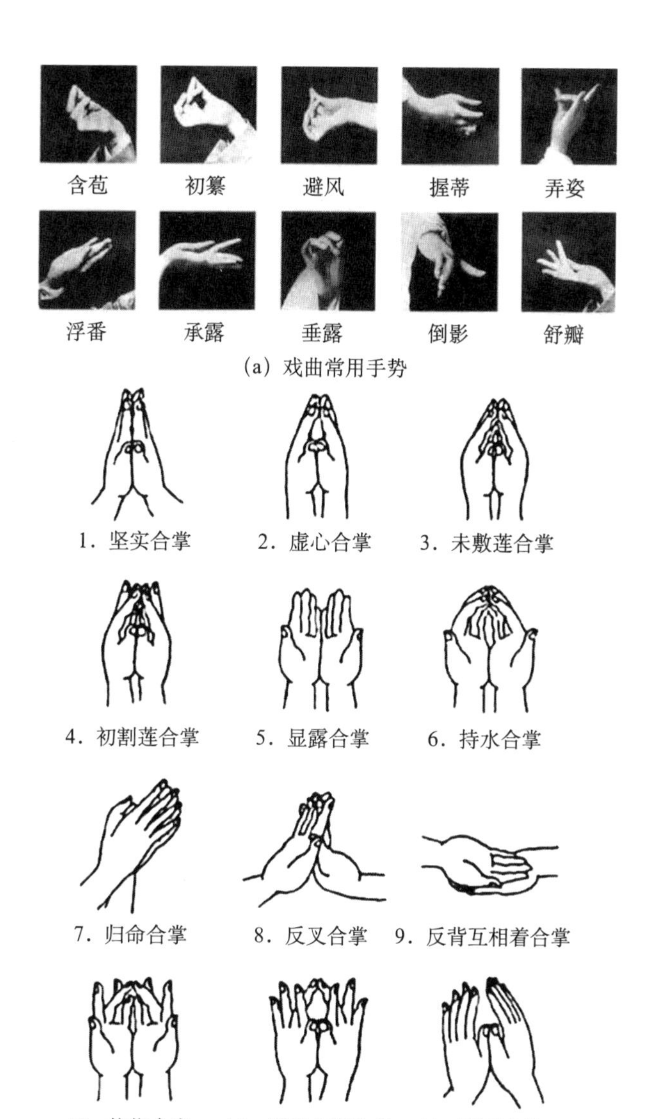


（b）佛教中的手印（图源：《佛教的手印》，中国社会科学出版社，2003年）

图 5.1　系统性手势图例

同源性角度上讲，我们人类经常使用手势等肢体语言来进行交流，也就再正常不过了。

比如，在《吕氏春秋·审应览第六》中有一则综合运用表情、手势、口形来揣摩他人言语内容的记载。“日者臣望君之在台上也，艴然充盈，手足矜者，此兵革之色也。君呿而不唫，所言者莒也。君举臂而指，所当者莒也。臣窃以虑诸侯之不服者，其惟莒乎？臣故言之。”[137]这里讲的就是东郭牙如何根据齐桓公的神情、手势、口形等，来推知齐国要进攻莒（上古音读 kia）国。非语言交流手段的重要，从中可见一斑。

除了动作、表情、手势外，人类还可以使用象征符号来进行思想和情感的交流。例如我国学者易学钟和惠松生介绍过一对景颇族男女青年的树叶情书，就是使用各种植物的茎、叶、根、花、果及其组合排列来进行表达的[138]。

男青年的信“写”的内容是：蒜瓣两个，树根一块，姜一块，青风树叶一片，白花树叶一片，红饭豆两颗，数粒黄豆，数枚果，茅草和根，黑果树，竹子一段，竹叶、冬草、蕨叶，酸团叶、化桃树叶，椎票树子，羊膻草，黄花，麻艾，爬蔓菜，螃蟹果，圪土达树。

你看“信”够重的，其实情也很重！这封“信”的大意是：“我打算娶你为妻，因为我深爱着你。现在我很急切地想跟你面谈，你不要不理睬我，我在老地方等你，就这样说定了，我们结婚永不分离，一切开销由我承担，恳求你一定同意。我是真挚的，就等你回信了。”

女青年的“回信”则是：酸把叶两片，野枇杷叶，白叶树，柏枝叶，香菜，芋头叶黑炭，麻秆树。大意是说：“你说了这么多也白搭。

算了，你走你的阳关道，我过我的独木桥，你说得再多也没用！”

其他非语言符号在我们社会生活中还有许多，比如旗语、汽笛语、邮票传情、花语等。但就人类普遍情况而言，当然最重要的交流语言方式还是口头语和书面语。因此，要求机器也会具有表情、手势等非语言交流手段未免太苛刻了。当然，随着多媒体技术的发展，特别是虚拟现实技术的不断成熟，国内外已有机器手势语和表情方面的研究。据此而言，要让机器去产生各种其他非语言符号形式也并不难。

不过，就我们所关心的语言生成更本质深层的意义问题而言，机器还是存在根本的困难。因此，让我们还是围绕纯语言的机器产生这个核心问题来讨论机器如何体现言说能力，以及它能够体现到什么程度。

## 机器诗文赏析

机器也能言说或作文写诗，这已不是什么新奇的事情。问题是机器作的“文”、写的“诗”到底几分像人类的诗文言说？机器的言说潜能又到底能达到人类什么语言能力水平？这才是我们所要关心的事情。俗话说，百闻不如一见，让我们还是先来拜读机器的对话和诗文“杰作”吧。

2011 年 10 月 20 日至 21 日在北京举办了美国国家科学基金会（NSF）“人—机器人交互”（Human-robot Interaction）领域的全球评估现场会，在评估现场，厦门大学开发的 Nao 机器人歌舞综合表演系统（获得2010年第三届海峡两岸文化产业博览交易会最佳创意铜奖），就表演如下这么一场比较典型的人机对话。

某学生：你好!

机器人（坐姿）：你好！见到你真高兴。

某学生：你是谁?

机器人：我是Nao机器人。我来自厦门大学仿脑智能系统实验室。

某学生：你喜欢厦门吗?

机器人：这可是我可爱的家乡。当然喜欢了。这里的空气很好，海也很蓝。欢迎各位校友有空常回来看看。

某学生：你想去哪里?

机器人：我想玩会手机。

某学生：今天热不热?

机器人：那还好。当然，这里今天不是特别热。

某学生：起立!

机器人执行起立的动作。

某学生：左转!

机器人执行左转的动作。

某学生：右转!

机器人执行右转的动作。

某学生：前进!

机器人执行前进两步的动作。

某学生：打太极！

机器人完成太极拳片段。

某学生：你会唱歌吗？

机器人：当然会啦。英文歌曲，中文歌曲，我都会唱。让我唱支歌给你听吧。

某学生：唱首歌。

机器人唱了一首英文歌《铃儿响叮当》。

某学生：背诗。

机器人：《咏鹅》，骆宾王。（边表演边吟道）鹅、鹅、鹅，曲项向天歌，白毛浮绿水，红掌拨清波。

某学生：你会作诗吗？

机器人：就是写诗嘛。实验室的老师和同学们教过我。我可以试试看。

某学生：作首饮酒诗。

机器人：老师说我太小，不能喝酒。换个题目吧。

某学生：随便作首诗。

机器人：《引子》：白沙平舟夜涛声，春日晓露路相逢。朱楼寒雨离歌泪，不堪肠断雨乘风。

某学生：听说你会作曲？

机器人：这个很难，我还在学习。大家想不想听听我的作品？

某学生：听听你的曲子。

机器人播放了自己创作的一首二声部创意曲。

某学生：再来一个。

机器人：好的。不过先让我休息一下。

某学生：坐下！

机器人完成坐下动作。

某学生：再见！

机器人：再见！谢谢参观。欢迎你下次再来！

在上述人机对话中，有关机器动作控制、作诗谱曲以及舞蹈表演，涉及比较复杂的算法[139]。但就话语对话本身，机器的表现还是非常简单的。机器无非是在这位学生的提问引导下，依靠简单的回答问题来完成对话。因此，从这个意义上讲，这种交谈，与其说是 Nao 机器人的成功应酬，倒不如说是这位学生的提问引导成全了这场交谈。

应该说与人类交谈的流利机敏比较，机器的这种“应酬”简直不能相提并论。不信请读一读《三国演义》第八十六回“难张温秦宓逞天辩，破曹丕徐盛用火攻”中的一段对白[140]：

次日，后主将金帛赐与张温，设宴于城南邮亭之上，命众官相送。孔明殷勤劝酒。正饮酒间，忽一人乘醉而入，昂然长揖，入席就坐。温怪之，乃问孔明曰：“此何人也？”孔明答曰：“姓秦，名宓，字子敕，现为益州学士。”

温笑曰：“名称学士，未知胸中曾‘学事’否？”

宓正色而言曰：“蜀中三尺小童尚皆就学，何况于我？”

温曰："且说公何所学？"

宓对曰："上至天文，下至地理，三教九流，诸子百家，无所不通，古今兴废，圣贤经传，无所不览。"

温笑曰："公既出大言，请即以天为问：天有头乎？"

宓曰："有头。"

温曰："头在何方？"

宓曰："在西方。《诗》云：'乃眷西顾。'以此推之，头在西方也。"

温又问："天有耳乎？"

宓答曰："天处高而听卑。《诗》云：'鹤鸣九皋，声闻于天。'无耳何能听？"

温又问："天有足乎？"

宓曰："有足。《诗》云：'天步艰难。'无足何能步？"

温又问："天有姓乎？"

宓曰："岂得无姓！"

温曰："何姓？"

宓答曰："姓刘。"

温曰："何以知之？"

宓曰："天子姓刘，以故知之。"

温又问曰："日生于东乎？"

宓对曰："虽生于东，而没于西。"

如何！秦宓语言清朗如流，人智机敏诙谐，焉机器所能媲美！

看来靠那种提问引导式策略无法从根本上解决语言生成问题。在其中，机器起码还缺少一种“自主”言说能力。为此，机器不仅仅需要按图索骥来回答指定的问题，而且还需要创作具有自主意图和思想的话语。

当然基于一定的规则，机器通过随机性填词，确实也可以“自主”地产生语句或句群。比如你可以在《哥德尔、艾舍尔、巴赫》里找到许多这类机器说的“话语”[141]。很明显，机器产生的语句或句群在句法形式上一定“通顺”，因为机器严格按规则产生语句。但是，这些句子在表达上却缺乏意义，让人感到不是不知所云，就是语焉不详。机器的话语表达就好像患有韦尼克（Wernicke）失语症（缺乏理解性的流利言说症）一样。

不过，如果人们带着人类智慧的眼光去挑选机器生成的话语，你还别说，有时还真能找出那么一两句佳句来。《信息崇拜》提供的一则实例就很像一首地道的日本俳句[142]：

每一个清澈的池塘
一只鸟俯看着挂霜的冷杉
荒野蓝色的月亮

“三分诗七分读”，这三行诗句很有一点朱自清“荷塘月色”的意境。可惜机器自己却并不知道其中的意味。机器写“诗”时并不能像诗人那样意识到或评判出自己所作“诗”的好坏。机器只是纯属偶然地通过机械地语词组合和句型选择产生出“佳作”。请再看下面我们用遗传算法创作的一首宋词《西江月·饮酒》[143]：

饮酒开怀酣畅，
洞箫笑语尊前。
欲看尽岁岁年年，
悠然轻云一片。

赏美景开新酿，
人生堪笑欢颜。
故人何处向天边，
醉里时光渐渐。

应该说，这首《西江月》除了意境和情感稍显欠缺外，基本上还合辙押韵，很像一首人写的宋词。

或许，由于人类的主动解读性，诗歌较之散文更易"鱼目混珠"。因为对于言语能力而言，重要的可能在于立意谋篇方面。那么，机器的立意谋篇能力又如何呢？请看这里一篇机器创作的"公案"[144]：

一个小的年轻禅师想要一个小的白色异形钵。"我们怎样才能不经过学习就能知道和理解呢？"这个年轻禅师问一个大的困惑着的禅师。这个困惑着的禅师带着一个小的红色的石钵从一座褐色的硬山走向一座白色的软山。这个困惑着的禅师看到了一个红色的软棚屋。这个困惑着的禅师想要这个棚屋。"菩提达摩为何要来中国？”这个困惑着的禅师问一个大的顿悟了的弟子。“桃子是大的”，这个弟子回答这个困惑着的禅师。“我们怎样才能不经过学习就能知道和理解呢？”这个困惑着的禅师问一个大的年老的禅师。这个年老的禅师来自一个白色的石。这个年老的禅师消失了。

“公案”文理通顺无话可说，但尽管用了一些禅宗的术语，也有机锋问答以及一些反事实的陈述，可到底有几分像真正的禅宗公案呢？试比较[145]：

赵州行脚时参师（指临济义玄），遇师洗脚次。州便问："如何是祖师西来意？"师云："恰值老僧洗脚。"州近前作听势。师云："更要第二杓恶水泼在。"州便下去。

真公案与假“公案”同样都有答非所问，同样也有机锋对答，但其底蕴却相差甚远。我相信，不用说机器，即使和尚参究这种机器“公案”也绝对开不了悟。因为在机器“装模作样”的“公案”言说之下，并没有那个“无关文字”的第一义。

或许机器诗文难就难在创意之上，无法拥有和表达自己一以贯之的意义，无法抒发自己的思想和情感。但如果你读到的是这样的一首机器“抒情诗”，你又会作何感想呢？（为了不失去原诗风貌，我们给出原英文诗句[146]：

Limp hope calls at moon;
Stone calls love while limp stark longing becomes strange;
but icy tree pushes with despair; Brightness becomes misty;
Stone stands silken as stark silk stands bright from;
Silken green sun night
though bank becomes bright;
but strange brightness stands Limp;
though love stands misty with limp green crystal;
but love calls slowly at earth strange with longing;
Fire becomes silken while hope caresses slowly as misty;
misty snow.

中文大意为:

残心犹望月，顽石亦有情。冰枝挥悲意，光芒变朦胧。
石似青丝立，青丝照夜明。岸前华兴照，残人站当中。
爱本多彷徨，成败在心诚。心若柔似雪，烈火变柔情。

还像回事吧！情理交融，若没有真情动于心中，看来作不出这样好的诗。非常遗憾，这只是读者一厢情愿的想象。实际上“创作”这首诗的机器根本无法感受到这番“热情”，尽管它可以让血肉之躯的人类感动不已。看来我们是应该从作文写诗的机制上去考察机器的言说能力，而不是仅仅停留在“作品”现象上论长说短。

## 如何表达矛盾言辞

运用语言就好比进行一种有规则的游戏。只不过，在语言这种游戏中，游戏规则总是在不断改变。于是你永远也无法确知语言的终极规则。因为对于语言，任何规则都有例外。当然，这并不是坏事，恰恰相反，正因为语言规则变化莫测，并非僵化固定，才体现了语言表达的无穷魅力所在。要知道，一成不变的事物是没有生命力的。

在语言中，最能反映语言生命力的恐怕就是那些反语言常规的表述现象了。其中最为突出的则要算那种矛盾言辞表述了，包括反事实陈述、相反相成言辞、自言相违语句以及逻辑悖论现象等。

在反事实语言陈述中，往往表述的内容或形式与客观事实或语言事实相反，从而违反了语言常规要求。例如旧社会曾流传着一首《颠倒歌》就是违反语言事实常规的[147]：

颠倒歌，颠倒得好，老鼠按着狸猫咬。
蚂蚁踏死老母鸡，官儿坐着板子打着轿。
吹铜鼓，打喇叭，鞍子拴在马底上。
东西大街南北走，十字路口人咬狗；
拾起狗来打砖头，反被砖头咬了手。

很明显，这首《颠倒歌》正是用了这种颠倒事实的手法，才达到了诙谐、讽刺的良好效果。有一种反事实陈述，在意义上违反客观常识。例如在禅宗语录中有："空手把锄头，步行骑水牛；牛从桥上过，桥流水不流。”[148] 虽微言大义，却也是违反语言常规的。

当然，也有一些反事实陈述运用得非常巧妙，以至于很难看出其违反语言的常规性。例如在《哈佛大学校长的绝妙回答》中有这么一段文字[149]：

> 酒会上，一位教育家对哈佛大学校长艾略特（C.W.Eliot）恭维备至。他说：“校长，容许我恭贺你在哈佛创造的奇迹。你当了校长以来，哈佛真成了知识宝库了！”艾略特答道：“这倒是事实，可我不敢居功。主要因为大一学生带进了好多知识来，而大四学生离开校门没带走丝毫知识！”

像这样绝妙的语言，机器不可能有意识地创造出来。即使机器知道“知识”的全部常规性使用规则，要想创造出这样的话语，也无计可施。

反常规与常规是相对的，或许你可以改变策略，专门针对反语言常规进行规则化。但此时，如果你还要保持机器生成系统的一致性的话，你必然会失掉语言常规表述的规则化。在语言系统中完备性和一致性不能同时兼备。这就使机器要求逻辑一致性本身成为实现语言完备性言说能力的一道难以逾越的鸿沟。

矛盾言辞的另一类表现形式是相反相成的表述现象。由于这不仅仅是一种语言现象，更主要的是反映了客观世界的一些规律和我们的思维方式，因此在语言中十分普遍。例如：“天下皆知美之为美，斯恶已；皆知善之为善，斯不善已。故有无相生，难易相成，长短相形，高下相倾，音声相和，前后相随。”[150]“假作真时真亦假，无为有处有还无。”[151]“不塞不流，不止不行。”[152]“关于丧失土地的问题，常有这样的情形，就是只有丧失才能不丧失，这是‘将欲取之必先予之’的原则。”[153]这样的例子举不胜举，俯拾皆是。

语词的相反相成也“能使文章波澜起伏，言简意赅，富有哲理，精彩动人，发人深省，所以它往往成为警句”[154]。相反相成的极端就是冲突言辞，又称反饰。所谓反饰，就是把一对反义概念的语词放在紧密的语法联系之中。例如戴厚英的《人啊，人》中有这样的描写：“飘逸的庸俗。敏感的麻木。洞察一切的愚昧，一往无前的退缩。没有追求的爱情。没有爱情的幸福。许恒忠身上和所有人一样，有着无数个对立统一。而最高的统一点就是两个字‘实惠’。”[155]程世爵在《笑林广记》中也写道：“近年时事颠倒，竟有全非以为是者，口撰数语以嘲之：‘京官穷的如此之阔，外官贪的如此之廉，鸦片断的如此之多，私铸禁的如此之广，武官败的如此之胜，大吏私的如此之公。’舌锋犀利，造语亦苛。”[156]这都是冲突言辞的典型。

法国哲学家利科在《解释学与人文科学》中说过：“更确切地说，我同意这些作家的基本观点：一个词在特定语境中获得一种隐喻的意义，在特定的语境中，隐喻与其他具有字面的意义的词相对立。意义中的变化最初起源于字面意义之间的冲突，这种冲突排斥这些我们正在讨论的词的字面用法，并提供一些线索来发现一种能和句子的语境相一致，并使句子在其中有意义的新意义。因而，……语义学冲突的决定作用导致了逻辑的荒谬性；使作为整体的句子有意义的那一点意义的被给予。”[157]

冲突言辞的扩大化就会形成语言的自言相违或逻辑谬误现象。当然，有益的自言相违或逻辑谬误可以使言辞突现转折，造成跌宕的波澜，产生意境深邃的语言效果。在自言相违的运用中，往往是肯定中有否定，否定中又有肯定。

例如，像“是的，自己什么也不缺，只缺个儿子”，以及杜甫《石壕吏》中的诗句“室中更无人，惟有乳下孙”，都是自言相违的用语。很明显，这种自言相违的表述方式实际上反映的就是一种逻辑谬误。但有的时候，只有通过逻辑谬误才能够把情感或思想上的矛盾状况给揭示出来。

莎士比亚在《一报还一报》第四幕第一场中给出的一首优美歌词，反映的就是对一个“吻”的“take，but bring”之情感矛盾[158]：

Take，oh take thy lips away，
That so sweetly were forsworne，
And those eyes：the break of day
Lights that doe mislead the Morne
But my kisses bring againe，
bring againe，
Seals of love，but seal’d in vaine，
Seal’d in vaine.

移开，呵，把你的嘴唇移开，
它们在温柔甜蜜中被抛弃，

还有那朝霞般的目光，别再向我投来，
它的光彩使大地误认旭日升起；
但是，把亲吻给我带回，
爱的印迹，徒劳打上的印迹，枉费心机。

言辞矛盾源于思想情感上的矛盾。这首充满矛盾言辞的歌词，反映的正是爱得愈深，心中就愈是充满患得患失的矛盾情感。在挚爱的矛盾情感中，强调个性与两人融为一体的矛盾；奉献一切与害怕失落自我的矛盾；甘愿被驱使与丧失自尊的矛盾；永恒宠爱与幸福转眼即逝的矛盾等，全部都体现在语辞矛盾的表述之中。

总之，各种语言的变换使用打破了人们所习惯的语言常规，取得新、巧、奇、警的效果，增加了语言的容量和弹性，并强化了语言的启示性和隐喻性作用。这样就为语言达意传情提供了更为丰富的手段。从字面上来讲，这些反常规手段往往冲破了语法和逻辑既定的规范；但从深层看，都又合情合理并且妙不可言。正像我国语言学家骆小所在《现代修辞学》中所指出的那样：“看起来它们是矛盾的，可是仔细一想，它们却含义丰富，言虽短，意却长，给人以广阔的联想余地和无穷的余味，它们是语言精练程度与思想内涵深刻程度达到统一的表现，是思想的闪光，语言的精华。”[159]

遗憾的是，正是这些“语言的精华”，却在语法规则和逻辑规范之上，并因其本身的超越变动性，无法将其形式化而加之于机器实现之中。特别是对于语言的生成而言，知道使用规则是一回事，知道如何归纳规则却是另一回事，而且是更为重要的事。而学会了归纳规则，一旦产生了矛盾冲突，要知道如何在具体情况中灵活运用矛盾的规则，更是难上加难的事情。

比如我们都知道《孙子兵法》中的“兵贵神速”这一规则，但我们也知道孔子的“欲速则不达”规则，这样就产生了矛盾冲突。因此要知道如何在具体情况中灵活运用这样矛盾的规则，就不仅仅是知道使用规则的事，而是要了解所处的情形。很明显，所有这一切，都是摆在机器生成语言面前难以逾越的困难。

## 积句成篇，贵在连贯

除了按规则生成语句外，当人们有了说话的意图时，还有一个如何把思想的心理表象（想法）转变为语言表达的问题。根据语言心理学的研究发现，人们在产生语言的过程中，大致分成谋篇规划、结构建立和执行生成三个阶段。中国古代文史家刘知几在《史通通释·叙事》中说：“夫饰言者为文，编文者为句，句积而章立，章积而篇成。篇目既分而一家之言备矣。”[160]好像语篇是由语词从小到大堆砌起来的。

实际上，我们积句成篇的过程正相反，其规划生成过程是从大到小展开的。先要有总体的想法，然后再根据总体想法来规划相适应的语篇结构、语句结构以及语汇用词和发音选择。在这过程中，因为常有构思上的反复，总体的想法会不断调整和变化。因此，规划和构建语篇或语句的过程也常会随时修正和调节。

谋篇布局，强调的是意义组织的连贯性。日本学者五十岚力在《修辞学讲话》中说：“孤立的一个个单词，无所谓组织问题，而两个词放在一起，在组织形式的选择上，就有高下低劣之分。将词连成句，将句连成段，将段连成章，将章连成篇，就组成了作品。对于文章组织的要求，从总的方面说，是‘秩序’、‘联络’、‘统一’这三点。说得明白一些，即在确定了合适的大框架之后，细部还要很好地连接，使之紧密无间，并要及时地归纳贯通，使之成一整体。”[161]

在语篇结构上，一般都将语篇按先后次序分隔为开始部分、承接部分、展开部分、转折部分、结束部分等。我国元代文人陈绎曾在《文筌》中论及谋篇布局时就将一篇文章的布局视为一个结构整体，并分为起、承、铺、叙、过、结六个部分。陈绎曾指出，每一部分都是结构整体中的一个有机要素，彼此相互关联，共同构成整篇文章[162]。

至于语篇中每个部分的结构，或者小到每个段落的结构，则大抵同语篇整体结构有着相似之处。它们也总有一个逻辑结构，表述某个主题。人们正是通过这样的结构，将相互联系的语句组织为一个语篇整体。一般英语文章的段落往往先陈述段落的中心意思，然后进行分点说明，对中心意思的主题句进行展开，最后再做出概括，为以后段落的过渡做好准备。与英语文章段落稍有不同的是，汉语文章段落结构的展开，一般不采用这种线性方式，而是典型地采用螺旋递进的方式展开。对于汉语文章段落而言，在确定了中心意思后，在展开部分不断强调并又发展中心意思，回环往复，最后完成整个段落的陈述。一个能够说明语篇构造过程的英文语篇例子，就是如下这篇建立在操作系统与教派两个领域之间类比的文章：

事实是，世界在苹果（Macintosh）计算机的用户和MS-DOS兼容的计算机用户之间分裂了。我坚持认为，苹果计算机是天主教徒，而DOS是新教徒。确实，苹果是反改革派，深受耶稣会会士的“教示”的影响。它是亲切、友好、调和的，它告诉其虔诚的信徒，他们必须一步一步前行，直至（如果不是天国的话）他们的文件被打印出来。它是问答式的：其启示的精髓是用简单的公式和华丽的光标来传授的。每一个人都有得到拯救的权利。

DOS是新教徒，或者是加尔文教派的。它允许对《圣经》教旨做自由的解释，要求做困难的个人决定，把对《圣经》隐晦的解释强加于用户，并理所当然地认为，不是所有人都能获得拯救。为使系统顺利运转，你得自己解释程序：它离巴洛克式的狂欢者乐园十分遥远，用户被封闭在他自身内心烦忧的孤寂之中。

你可能会反对说，随着视窗（Windows）的引入，DOS世界已经越来越相似于苹果机的反改革派的容忍态度。视窗表示一种圣公会式的分裂和在大教堂中的宏伟仪式，但是总是存在回到DOS，按怪诞的决定改变事物的可能性……

那么，蕴涵于两种系统之下的机器密码（或者环境，如果你喜欢这样称呼的话）呢？呵！那可是和“旧约”类似的情况，含义神秘，是教条式的。

在这篇短文中，作者首先产生了想要介绍两种操作系统的想法。接着他巧妙地通过与基督教派做类比隐喻，完成了全篇的构思问题。

然后将文章分成若干的段落，每个段落着重于一个主题。最后通过各段落的主题思想和内容的相互关联，共同构成了整篇文章。第一段是总述，是开启部分，给出了全文的观点和主题思想。第二段是分述，介绍了具体的事实。第三段是转折部分，通过新型操作系统的介绍，进一步深化文章的核心思想。最后当然是文章的结束部分，将类比隐喻引向深入，给人一种言有尽而意无穷的效果。这是典型的英文作品的结构方式。

同样是在两个领域之间构建类比，汉语的文章结构就与此迥然异趣。下面这则文告抄自杭州宝石山麓金鼓洞上方的观音像旁，据说为唐代禅师石头希迁所传，文告标题是《无际大师心药方》[163]。

大师谕世人曰：凡欲齐家、治国、学道、修身，先须服我十味妙药，方可成就。何名十味？好肚肠一条，慈悲心一片，温柔半两，道理三分，信行要紧，中直一块，孝顺十分，老实一个，阴德全用，方便不拘多少。此药用宽心锅炒，不要焦、不要燥，去火性三分，于平等盆内研碎，三思为末，六波罗蜜为丸，如菩提子大。每日进三服，不拘时候。用六和气汤送下，果能依此服之，无病不瘥。切忌言清行浊，利己损人，暗中箭，肚中毒，笑里刀，两头蛇，平地起风波，以上七件速须戒之。前十味若能全用，可以致上福上寿，成佛作祖。若用其四五味者，亦可灭罪延年，消灾免患。各方俱不用，后悔无所补。虽有扁鹊卢医，所谓：病在膏肓，亦难疗矣。纵祈天地、祝神明，悉徒然哉！况此方不误主顾，不费药金，不劳煎煮，何不服之？偈曰：此方绝妙合天机，不用卢医扁鹊医。普劝善男并信女，急需对治莫狐疑！

上述文告则是通过医药治病的类比来劝谕世人向善。读者不妨自己做出语篇分析，看看与英文语篇结构不同在何处！

当然，不管是篇章还是段落，语篇整体结构的连贯取决于语篇内容意义的连贯，而意义的连贯建立在思维的连贯性之上。反过来，强调思维的连贯性又可以从各个语段之间的联系、语段各个组成部分之间的层次关联体现出来。大到按逻辑、时间和空间关系建立起来的叙述方式，小到以形合与意合为依据所运用的衔接手段，都是贯彻思维连贯性的措施。

语篇叙述方式一般可分为正叙、并叙、插叙和倒叙四大类。清初著名文学批评家金圣叹在评点《水浒》时写有“读第五才子书法”。他在其中列举的叙述方法有：（1）倒插法，（2）夹叙法，（3）草蛇灰线法，（4）大落墨法，（5）绵针泥刺法，（6）背面铺粉法，（7）弄引法，（8）獭尾法，（9）正犯法，（10）略犯法，（11）极不省法，（12）极省法，（13）欲合故纵法，（14）横云断山法，（15）莺胶续弦法，等等，可谓十分具体全面。

语篇衔接手段则主要是为了将语句通过指代、替代、重复、省略、连接、词汇以及句序、语调、独立语、搭配等形式或意义关联来建立一气呵成的语篇。例如，在上面操作系统类比的文章里，“苹果计算机”或省略为“苹果”或改用代词“它”的一再重复，第二段开头“DOS是新教徒”对应到第一段末句“而DOS是新教徒”之间的呼应，以及像“或者”“并”“为使”“那么”等连接词的运用等，都是具体语篇衔接手段。

总之，语篇产生要从语篇、段落和语句三个层次上来制定规划，最后体现在语句结构及其相互衔接的方式之上。遵循了这样的原则和规律，机器也就可以“照章办事”，通过对每个阶段与过程的形式化和算法化来实现语篇的自动生成。

目前，机器所采用的语篇生成方法可以归纳为三类：第一类是把机器内部事先存储好的固有文本直接生成结果输出。很明显，这种方法缺乏灵活的应变能力，因此没有什么实际意义。第二类则是通过对内部知识结构进行转换，用语言描述形式给出并表示机器已有的知识，从而形成语篇。第三类则通过大规模语料数据的学习训练，通过统计模型来生成某种指定主题的语篇，其缺点是难以体现语言个性化的表达。

在机器自动生成语篇的研究中，有一个值得注意的核心问题，这就是语篇生成时不能仅作为语句简单堆砌的结果，而是要连贯成有机关联的一个整体。但要机器做到这一点并非一件容易的事情，或许其困难并不亚于对语篇的理解和把握。

显而易见，真正富有人情味的语音合成需要在理解情感和思想的基础上来实现。与此相同，真正富有连贯性的语篇生成也需要在理解意义的基础上来构建。但遗憾的是，基于意义理解基础上的语篇生成，正是目前机器难以实现的瓶颈。

金圣叹认为：“文章最妙是先觑定阿堵一处，已却于阿堵一之处之四面，将笔来左盘右旋，右盘左旋，再不放脱，却不擒住。”[164]显然要达到金圣叹这里所说的作文境界，恐怕是机器永远不能企及的终极理想。因为这里面涉及达意传情的修辞问题，无疑这也是语言生成规律中最为复杂、最无章可循的方面。

## 达意传情的修辞

陈望道在《修辞学发凡》中精辟地指出："修辞原是达意传情的手段。主要为着意和情，修辞不过是调整语辞使达意传情能够适切的一种努力。"[165] 毫无疑问，修辞的本质就在于意义的显现，在于情感的宣泄。正因为这样，我们大家都千百次地锤炼语言，创造了各种语言的变格用法，以期达到意和情的新奇效果。好的修辞，一语千金，能使文章顿时生辉。

清朝有一个传说，说的是风流皇帝乾隆有一次到杭州游玩，时值隆冬，大雪纷飞。对此景，皇帝大发诗兴，便信口吟道：

一片一片又一片，二片三片四五片；
六片七片八九片，……

不料念了三句便没了下文，皇帝急得满脸通红。此时礼部侍郎沈德潜刚好侍从左右，见状连忙奏道："这第四句请皇上赏于为臣续上吧！"乾隆此时正在难为之际，闻此言岂不顺水推舟，于是也就允准了。沈德潜赶忙吟道：

飞入梅花都不见。

“妙，真妙！”皇帝连声叫好。本来乾隆皇帝的那几句诗，像是小孩数雪片似的，狗屁不通。但经过这一句点缀，顿时反倒成了一首绝妙佳作了。可见修辞的作用有多大！

当然，修辞的贴切，首先是要有真情意。《毛诗·序》中说：“诗者，志之所之也。在心为志，发言为诗。情动于中而形于言，言之不足故嗟叹之，嗟叹之不足故咏歌之，咏歌之不足，不知手之舞之，足之蹈之也。”[166]“凡是有人类的地方就有情感存在，正是情感世界的丰富、变化和谐，才使得人类世界显得更加神奇、美妙和充满活力。……（但）诗人只沉浸在真情实感中还不够，重要的在于把这真情实感转化为意象完美地传达出来。”[167]唐代诗人张若虚所作的家喻户晓的《春江花月夜》就是一首优美的抒情诗，其熔诗情、画意和哲理于一炉，充分体现了传情达意的高超修辞手法。

春江潮水连海平，海上明月共潮生。
滟滟随波千万里，何处春江无月明。
江流宛转绕芳甸，月照花林皆似霰。
空里流霜不觉飞，汀上白沙看不见。
江天一色无纤尘，皎皎空中孤月轮。
江畔何人初见月，江月何年初照人？
人生代代无穷已，江月年年只相似。
不知江月待何人，但见长江送流水。
白云一片去悠悠，青枫浦上不胜愁。
谁家今夜扁舟子，何处相思明月楼？

可怜楼上月徘徊，应照离人妆镜台。
玉户帘中卷不去，捣衣砧上拂还来。
此时相望不相闻，愿逐月华流照君。
鸿雁长飞光不度，鱼龙潜跃水成文。
昨夜闲潭梦落花，可怜春半不还家。
江水流春去欲尽，江潭落月复西斜。
斜月沉沉藏海雾，碣石潇湘无限路。
不知乘月几人归，落月摇情满江树。

情、景、理、意的水乳交融，合成一种澄目窅远的意境，而音律流畅婉转，语言醇美素雅，也令人低回不已，写思妇的离别之情，可谓登峰造极。

修辞的效果固然可以通过语言的准确、明白、简洁和通顺等方面来体现言辞的直接情意，像列锦、排比、反复、对偶、互文、层递、叠词等手段；但更重要的是可以通过间接的蕴意喻情来达到言辞的深邃新奇效果，如比喻、拟人、拈连、反语、留白、对照、夸张、双关、婉曲等手段。明代戏剧家李渔强调："大约即不如离，近不如远，和盘托出，不若使人想象于无穷耳。"[168]这也是强调蕴意喻情的意境。

元代有位禅僧，世称石屋清珙，山居三十年，清志坚淡，有《山居之歌》[169]，堪为上品。清珙禅师的这首《山居之歌》，融禅理于诗情画意之中，充分体现了那种若即若离的修辞原则。为了一睹风采，我们全文录在这里：

山名霞幕泉天湖，卜居记得壬子初。山头有块台磐石，宛如出水青芙蕖。更有天湖一泉水，先天至今何曾枯。就泉结屋拟终老，田地一点红尘无。外面规模似狭窄，中间取用能宽舒。碧纱如烟隔金像，雕盘沉水凌天衢。蒲团禅椅列左右，香钟云板鸣朝晡。瓷罂土种吉祥草，石盆水养龙湫蒲。饭香粥滑山田米，瓜甜菜嫩家园蔬。得失是非都放却，经行坐卧无相拘。有时把柄白麈拂，有时持串乌木珠。有时欢喜身舞蹈，有时默坐嘴卢都。懒举西来祖意，说甚东鲁诗书。自亦不知是凡是圣，他岂能识是牛是驴。客来未暇陪说话，拾枯先去烧茶炉。红香旖旎，春华开敷。清阴繁茂，夏木翳如。岩桂风前，唤回山谷。梅花雪里，清杀林逋。人间无此真乐，山中有甚凶虞。也不乐他轻舆高盖，也不乐他率众匡徒，也不乐他西方极乐，也不乐他天上净居。心下常无不足，目前触事有余。夜籁合乐，晓天升乌，戏鱼翻跃，好鸟相呼。路通玄以幽远，境超世而清虚。骚人尽思，吟不成句。丹青极巧，画不成图。独有渊明可起予，解道吾亦爱吾庐。山中居，没闲时。无人会，惟自知。绕山驱竹笕寒水，击石取火延朝炊。香粳旋舂柴旋斫，砂锅未滚涎先垂。开畬未及种紫芋，锄地更要栽黄萁。白日不得手脚住，黄昏未到神思疲。归来洗足上床睡，困重不知山月移。隔林幽鸟忽唤醒，一团红日悬松枝。今日明日也如是，来年后年还如斯。春草离离，夏木葳葳，秋云片片，冬雪霏霏。虚空落地须弥碎，三世如来脱垢衣。

禅宗这种若即若离，双遣双非，只在言语之外，玩转笔墨；其旨趣令人捉摸不透，却又仿佛了然心中，如灯镜传影，妙趣无穷。

除了直接和间接的修辞手法外，在语言中还有一种元语言修辞手法，你只有跳出语言层面，进入元语言层面才能体会其中寓意。例如，孔平仲的《寄贾宣州》藏头诗就使用了这样的元语言修辞方法[170]：

高会当年喜得曹，日陪宴衎自忘劳。
力回天地君应惫，心狭乾坤我尚豪。
豕亥论书非素学，子孙干禄有东皋。
十年求友相知寡，分付长松荫短蒿。

这是一首奇特的顶真诗，下句首句是上句末尾字形的下半部分，首句首字则是末句末字形体的下半部分。这些你只有在需要自觉意识的元语言层次才能解读得到。再如，人们有时会将某种附加意思镶嵌于正常的语言表述之中，使得在语言的通常表述之中同时携带着元语言编织的意义。比如，下面的这则对联就有此趣，其中分别镶嵌着“一至十”和“十至一”十个数字。

一叶孤舟，坐着二三个骚客，启用四桨五帆，经由六滩七湾，历尽八颠九簸，可叹十分来迟；

十年寒窗，进过九八家书院，抛却七情六欲，苦读五经四书，考了三番二次，今天一定要中！

从这个意义上讲，语言的立意抒情和修辞构篇，是一个整体心智能力运用问题，涉及意义的理解和情感的体验。胡曙中在《英汉修辞比较研究》中就指出：“语言的实际使用是一个整体的问题，只有把局部方面的修辞与整体布局的修辞结合起来考虑，才能使局部的修辞有意义，才能使交际过程中的中心意思被表达得既连贯又完整。”[171] 这种整体达意传情的修辞例子在新月派诗人朱湘的《采莲曲》中得到了良好的结合，堪称典范，请看其中的第一小节[172]：

小船呀轻飘，
杨柳呀风里颠摇；
荷叶呀翠盖，
荷花呀人样娇娆。
日落，
微波，
金丝闪动过小河。
左行，
右撑，
莲舟上扬起歌声。

真可谓言尽而意无穷。声美、韵美、节奏美；形美、情美、意境美，多么珠圆玉润，无懈可击！

整体达意传情自然就离不开语境。王秉钦在《文化翻译学》中指出：“语境对语义的影响一般有三个方面：使词语获得特殊意义；影响词语的感情色彩；填补、丰富词语的意义。词语一旦处于言语组合序列之中，其间便产生相互作用、相互影响和相互感染的力量，使词义得到丰富和膨胀，充满弹性，使词获得一些新的语义要素和色彩。然而，一旦脱离上下文，这些要素和色彩便立即消失。”[173] 因此，就情与文、意与言来讲，你永远也无法知道是因情生文、因意立言，还是因文生情、因言立意。在语言修辞中，这总是一件相互缠绕、划分不清的事情。

实际上，修辞要取得达意传情的贴切效果就离不开语境的整体配合。修辞本身，也就是在具体语境中如何选择表述手段，使之更加适合语境。从这个意义上讲，修辞就是一种选择过程，是基于一定语境的选择过程。但选择必定又要在理解和把握整体语境的情与意上来进行，这就为机器的修辞过程的实现设置了难以逾越的障碍。

且不说机器本身的无情无义，即使机器有了情感和思想，要在语言和元语言、直接和间接修饰之间确切地传情达意，也是难上加难的事情。因为这一切均无法简单地归结为逻辑演算。特别是修辞选择依赖于语境，反过来修辞本身又构成了整体语境的一部分。这势必又会将这一问题推向“先有鸡还是先有蛋”的困境之中。

日本学者西槙光正在《语境研究论文集》前言中说过：“人机对话，是人类美好的科学未来，可语境却成了这一尖端信息工程中的一个老大难，目前还没有一个科学且系统的语境理论，因而还做不出足以应付千变万化的语境而实现人与机器之间的应用自如的对话程序。”[174] 这样一来，我们对机器实现语言表达，又能期盼得到什么呢？

## 巴别塔再次倒掉

《圣经·旧约》中有一个关于巴别塔的隐喻故事，讲的是人类不同语言出现的原因。故事说，那时天下人的口音、言语都是一样。

> 众人往东边迁移的时候，在示拿地遇见一片平原，就住在那里。众人彼此商量说：“来吧！我们要作砖，把砖烧透了。”众人就拿砖当石头，又拿石漆当灰泥。众人说：“来吧！我们要建造一座城和一座塔，塔顶通天，为要传扬我们的名，免得我们分散在全地上。”耶和华降临要看看世人所建造的城和塔。耶和华说：“看哪！他们成为一样的人民，都是一样的语言，如今既作起这事来，以后他们所要作的事，就没有不成就的了。我们下去，在那里变乱他们的口音，使他们的言语彼此不通。”于是，耶和华使众人从那里分散在全地上；众人就停工不造那城了。因为耶和华在那里变乱天下人的言语，使众人分散在全地上，所以那城名叫巴别（就是“变乱”的意思）。[175]

这个圣经故事，后来一再被人们用来说明语言之间翻译的不可公度性。也就是说，不同的语言其实从根本上讲是无法进行思想沟通的。现在，当我们面临让机器具备言说能力时，这一问题也向人机沟通的实现提出了疑问。

那么，机器从终极意义上到底能不能同人类在语言上进行沟通交流呢？就此问题，我曾经做过一次小小的测试，想看一看机器到底在多大程度上能够把握人类语言的语旨。这个测试首先是将英国湖畔诗人华兹华斯（W. Wordsworth）的《水仙花》一诗，人为地翻译为汉语近体诗，然后再让机器翻译系统（采用 GPT-4 线上翻译系统）回译到英文。最后再将翻译结果同原英文诗相比较，就可以看出其中的问题了。《水仙花》的英文原诗为[176]：

**The Daffodils**

I wonder'd lonely as a cloud
That floats on high o'er vales and hills,
When all at once I saw a crowd,
A host, of golden daffodils;
Beside the lake, beneath the trees,
Fluttering and dancing in the breeze.

Continuous as the stars that shine
And twinkle on the Milky Way,
They stretch'd in never-ending line
Along the margin of a bay:
Ten thousand saw I at a glance,
Tossing their heads in sprightly dance.

The waves beside them danced, but they
Out-did the sparkling waves in glee:

A poet could not but be gay
In such a jocund company!
I gazed-and gazed -but little thought
What wealth the show to me had brought.

For oft，when on my couch I lie
In vacant or in pensive mood，
They flash upon that inward eye
Which is the bliss of solitude；
And then my heart with pleasure fills，
And dances with the daffodils.

我的译诗为：

**水仙花**

白云飘游群山间，俯瞰遍野金水仙；
璀璨随风舞婆娑，湖畔林外春色闲。

恰似繁星满天闪，茫茫直铺海湾边；
烂漫红英千百万，低颌回笑舞翩跹。

花浪柔波逐笑颜，若闻欢歌四重联；
诗人不禁喜雀跃，凝视忘虑梦魂牵。

归来静思挥不去，花影攒动尽眼前；
留得一片清新意，人花欢欣舞并肩。

而得到的机器回译结果是（2024 年 1 月 29 日 GPT-4 系统翻译）：

**Daffodils**

Amidst the mountains, white clouds gently play,
Overlooking fields, where golden daffodils sway.
Glistening in the breeze, they dance and gleam,
By the lakeside and in the woods, spring's colors deem.

Like countless stars, the night's sky they adorn,
Stretching endlessly along the bay's morn.
Myriad crimson blooms, a vibrant array,
Bowing and laughing, in a lively ballet.

Flower waves ripple with smiles so bright,
As if they've heard songs in the twilight.
The poet can't help but leap with cheer,
Gazing, forgetting, lost in the atmosphere.

Returning, in tranquil contemplation we stay,
Flower shadows gather in a magical display.

Leaving behind a sense of freshness so dear,

People and flowers rejoice, dancing near.

你看看，这哪里还像是一首“诗”，其言词的直白简直令人不忍卒读。也许，想要让机器真正像人类那样言说起来，就必须在言语环境中根据需要随机应变地灵活运用语言。这就是说，机器必须在语言与元语言、框外与框内、言外与言内、明言与暗喻之间恰到好处地来回转换。而要让机器做到这一切，就必须让机器拥有约定俗成的语言指称能力，或者说要让机器首先做到并意识到“言之有物”。当然，这种“言之有物”有可能实质上并不真的指称客观现实，就像有的哲学家所声称的那样。但就语言的约定俗成这一点上讲，我们人类的言谈都具有某种自我可以意识到的指称对象。人类在交流中也都会围绕寻找出言谈中反映语旨的意谓来进行，这是确定无疑的。

就此而言，机器恰恰不具备我们人类所约定俗成的指称能力。一台应付言谈的机器，其“言谈”不管如何精彩，都不可能同我们人类所认识的实在世界有任何真正的联系。正如美国哲学家希拉里·普特南在《理性、真理与历史》中指出的那样：“假如把两台这样的机器耦合起来，让它们彼此间进行模拟游戏，那么即使世界的其余部分全都消失，它们也会一直不断地互相‘愚弄’下去。”[177]

这样，由于机器不具备我们人类的（某种语言）指称能力（涉及意向对象），因此人机交流真正意义上的沟通将永远是一个不可企及的理想。机器也不可能具备真正意义上的人类语言能力，这又使我们回到了《圣经·旧约》中巴别塔的寓言：巴别塔在人机交流之间再次倒塌了。

或许是某种天意，它担心我们造出像人一样聪明的机器而有意使机器与我们使用不一样的语言（逻辑语言），并使其不可能具备人类语言所具有的那种指称能力。还有一点我是清楚的，使逻辑机器不能拥有人类语言能力的“上帝”，不是别的而正是接下来第六章要论及的哥德尔不完全性定理。根据令人望而生畏的哥德尔不完全性定理，基于逻辑指令运转的机器，也不可能具有一致完备的语言处理能力。具体地说，机器总有不可企及的语言问题存在——这些问题的核心正是我们人类超越逻辑之上的指称能力！

第六章

# 逻辑计算局限性

公元 1931 年是一个具有划时代意义的年份。正是在这一年，伟大的奥地利逻辑学家库尔特·哥德尔发表了题为《〈数学原理〉及有关系统中的形式不可判定命题》的论文[178]。在这篇论文中，哥德尔用严密的数学论证方法，指出了任意足够强大的逻辑系统（强大到足以描述初等数论中的全部命题）一定是不完备的，即存在着这一逻辑系统不可判定真假的命题。反之，如果一个逻辑系统要避免这样的的结局，那么其肯定会陷入自相矛盾的境地，即起码有一个命题在该逻辑系统中既为真又为假。更有甚者，对于一个逻辑系统是不是自相矛盾的、是不是完备的这一问题本身，这一逻辑系统也是不能证明的。

## 逻辑悖论的困境

哥德尔定理意味着什么？根据哥德尔定理，形式化逻辑系统不再是无所不能的了，其存在着致命的局限性。除非你放弃是非分别，否则靠形式化逻辑的手段是无法企及完美至善的事物的。于是，哥德尔定理彻底动摇了作为理想和权威的逻辑思维的基础，其结果是震撼人心的。正是哥德尔定理，抽掉了一切理性思维活动完备性的支点，逻辑思维的局限性也彻底暴露无遗。

由于直接受到哥德尔定理的影响，也为了寻找计算机器的极限能力，1936 年英国年轻的数学家阿兰·图灵提出了一种被人们称为图灵机的理论计算机模型[179]。结果发现，从理论上讲，几乎处处都有不可计算问题。图灵给出的一个典型不可计算问题，就是图灵停机问题。

现有理论表明，任何计算装置，包括理论模型和实际机器，其计算能力均不大于图灵机的计算能力。因此，图灵机及其存在着不可计算问题具有普适性意义。不仅如此，我们还知道问题不可计算性本身也不可计算。另外，现在我们还想告诉读者的是，要想让计算机器解决问题，还必须首先将该问题表述为图灵机（计算机器）能处理的形式。比如，用 0、1 符号来给问题编码，这时我们还会遇到对问题进行形式化描述的问题。由于这一问题本身（任意问题可不可形式化描述）又是一个不可计算问题。因此，问题能不能形式化与形式化的问题可不可计算，就共同成为计算机器能力极限的双重限制。

除了计算机器能力极限的双重限制外，我们还知道机器的任何计算有效性建立在逻辑一致性之上。哥德尔定理却指出，一致性要求势必会以丧失完备性为代价，从而机器的计算能力注定将是有局限性的。这种局限性首先体现在机器无法处理普遍存在的各种不合逻辑的悖论。于是，面对充满矛盾的世界，机器就显得苍白无力了。

图 6.1 悖理图形：哪一个坐错了台阶

的确，悖论无处不在，只要你以逻辑一致性看待问题，那么当问题变得足够复杂或完备时，就难免出现悖论。图 6.1 给出的悖理图形，显然缺乏逻辑一致性。小时候我们听说的那些“说谎者悖论”“理发师的悖论”“芝诺龟兔赛跑悖论”等也都缺乏逻辑一致性。其实即使在严密的数学中，如果过分追求完备性的话，也同样无法避免悖论。比如，像定义“所有集合的集合”“所有不是自己的元素的集合所组成的集合”（罗素悖论）以及“不能够由少于二十二个字而命名的最小的自然数”等都能引起悖论。

通常悖论大多由自谓性和全称性引起，或者更严格地说，如果在概念分别的基础上又涉及了无限全称或自谓自指，那么就往往能够引发悖论。上面“所有集合的集合”是无限全称引起悖论的例子。罗素悖论则既有无限全称，又有自谓自指因素。

就无限全称引发悖论来说，由于追求完备数学理论的需要，其根源便在于数学家们提出的实无穷连续统假设。这一假设便播下了无限可分性悖论的种子。芝诺的龟兔赛跑悖论、庄子的“一尺之捶”悖论以及我国古代惠施“历物十事”和“论辩二十一事”中的大部分悖论都建立在时空连续性、无限可分性之上，但这一切却未必是客观世界的真实图景。

根据量子力学，只要作用量子（普朗克常数的假定）的存在是确定无疑的，那么，宇宙在亚原子层次上就具有不可分割的性质。这样一来，实无穷和连续统假设便没有了现实基础，尽管其在完备数学理论体系上是一个十分重要的数学概念。很明显，无穷概念是我们逻辑思维局限性的一个反映。实际上，按照量子理论，世界是一个统一的、不可分割的整体，不是靠逻辑概念分别的方法所能把握的。

相对于无限全称引发的悖论，自谓性引发的悖论更为本质地反映出逻辑思维所固有的局限性。实际上哥德尔定理、图灵停机问题，就是通过揭示这种自谓性悖论而得到证明的。一般而言，当一个逻辑形式系统拥有了自谓自指能力，那么其势必会导致不一致性。这实际上也就是证明哥德尔定理的精髓所在。

最直接典型的自指性悖论就是“本句子是假的”这一命题。如果你顽固地站在“非此即彼”的逻辑思维立场上，那么你永远也不可能推出该命题是真是假。实际上，利用自指能力，我们甚至可以推导出更为荒谬的结果。假设我们允许“本句子蕴涵A命题”这种自指命

题。如果记这一命题为B，那么B又可写成B→A。于是可做如下推导:

| | |
|---|---|
| (1) B→B | 同一律 |
| (2) B→(B→A) | (1)中后一个B用(B→A)代入 |
| (3) B→A | (2)运用吸收律得到的结果 |
| (4) B | (3)用B回代(B→A) |
| (5) A | (4)运用分离规则得到的结果 |

结果，不管A实际指的是什么陈述，我们总可以证明A命题为真。于是，在这种具有自指命题的逻辑系统中，一切命题均为真，结果必然导致该逻辑系统变得毫无意义(注意，“一切均为真”与“不一致性”互为可推导)。

有时自谓性悖论会采用互指的表现形式，并往往导致一种相互缠结的现象。例如:

下面的句子是假的。

上面的句子是真的。

这与“本句子是假的”有异曲同工之妙，你根本就弄不清这对句子的真真假假。

古代的“鳄鱼难局”就是一种典型的相互缠结悖论。该悖论说的是一条鳄鱼偷了一个孩子，鳄鱼允许把孩子还给他的父亲，条件是只要这位父亲能够猜对鳄鱼是否将会把孩子归还。现在假设这位父亲猜鳄鱼不归还孩子，那么鳄鱼该怎么办呢？相互缠结式悖论是典型的两难问题，不管你如何用逻辑推导，两种选择总是纠缠在一起而无法分开。有趣的是，这种貌似荒唐的悖论，却有坚实的现实基础作后盾。

首先，在生命现象中，就存在着这样的两难现象，DNA 和蛋白质的相互关系问题。DNA 和蛋白质构成这样一种相互缠结的关系：DNA 的复制需要酶，而酶是蛋白质，蛋白质又是由 DNA 的核苷酸序列编码的。于是，当你采用逻辑分别的思维方式，想要探究一下到底是先有蛋白质还是先有 DNA 时，就会遇到一个鸡生蛋、蛋生鸡的相互缠结悖论。

同样，在玻尔给出的哥本哈根量子解释理论中指出，微观物理世界的不确定性可以通过并协原理来描述。该原理强调："从量子尺度看，任何系统最一般的物理性质都必须用成对的并协变量来表示，其中每个变量仅仅以相应地减小另一变量的确定程度为代价才能成为比较确定的。"[180] 实际上，连续与不连续、动量与位置、波性与粒性、能量与时间等都是并协物理概念，其同样存在着相互缠结的关系。如果一定要以逻辑的非此即彼的思维方式来衡量的话，那么，像波粒二象性、光子衍射现象、海森堡不确定性原理、薛定谔猫的佯谬等物理微观世界的现象也就都成为难以理解的悖论现象了。

实际上，并协原理不仅能够解释微观物理世界的运行规律，而且同样也能解释主观心理世界的运行规律。就像海森堡不确定性原理（关于动量与位置的并协原理）一样，对心理的观察活动本身往往也会干扰被观察的心理（用心理活动观察心理活动就是一种自反映自谓问题）。对这一现象，美国心理学家铁钦纳在《心理学教科书》中就情感的观察曾做过生动的描写。他指出："情感没有清晰的特性。快感和不快感可能是强烈的和持久的，但它们绝不会是清晰的。……我们越是注意感觉，感觉就越清晰，我们对它记忆就越牢，越明确。但我们完全不能把注意力集中在情感上；如果我们试图这样做，快感和不快感就会立刻消失，我们就会发现自己在观察我们并不想观察的完全无关紧要的感觉或映像。”[181]

情感体验只能“不期然而然”显现。意识也一样，我们无法得知“我正在想什么”，心理活动从根本上讲就无法“测准”。《淮南子·说山训》中的“求美则不得美，不求美则美矣”，[182]所谓“有意栽花花不开，无心插柳柳成荫”，这都说明对心理的有意观察往往就会适得其反。因为对于心理而言，“有意”之时便是心理干扰之刻，心地就有杂念，达不到忘怀的境界，而那种油然之心就难以产生。因此，求之不得，反倒不如舍之释然，不求而获。深而究之，实际上这也就是一种奇特的悖论。

主观上的悖论效果不但影响着对主观本身的观察，使这种观察结果的可信性陷于悖论的“泥潭”，而且由于对客观的观察也同样有赖于主观经验，因此这种悖论效果同样可以扩散到主观对客观事物的观察把握之中。这就是所谓休谟提出的归纳悖论问题，即由经验而得来的一切结论的基础何在的问题。换句话说，人们理性思维所推崇的归纳法是有效的吗？注意，由于用来论证归纳法有效性的推论本身也是建立在经验之上的一个归纳推论，因此休谟问题便构成了一个真正的悖论。

值得强调的是，科学的观察结论建立在随机性之上。比方说，哪怕你观察一万次，发现乌鸦是黑的，你也无法保证下一次观察到的乌鸦就一定也是黑的，从而得出“天下乌鸦一般黑”的不可靠结论。考虑到这样的不确定性，逻辑机器势必将无所适从，更谈不上能够在本质上实现有次序的、符合逻辑的、不确定的计算过程了。你能想象真的能将图 6.2 设计的撞球电脑变为现实吗？如果一个球进入 B，则是否有一个球接着从 D 或 E 出来，得看是否另一球进入 A 中（假定球从 A 和 B 同时进入）。

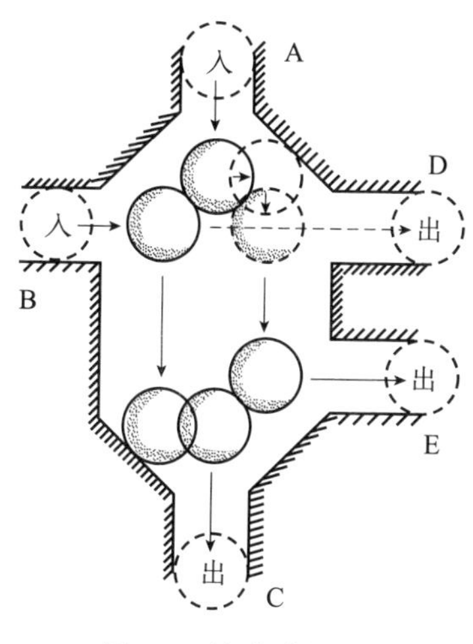


图 6.2　撞球"电脑"

德国哲学家康德在《纯粹理性批判》中提到两个互相排斥但同样是可论证的命题悖论（二律背反）时指出[183]，当理性思维企图对自在之物有所认识时，就势必陷入难以自解的矛盾之中。现在我们明白，这是因为对理想化整体理解的追求的代价往往是导致不一致性的根源。对于足够强大的理论体系，要么追求完备性而容纳矛盾冲突，要么追求一致性而放弃完备性。科学选择了一致性（逻辑机器也是），于是面对众多悖论现象而一筹莫展，艺术和宗教选择了完备性，因此也就处处表现和超越了矛盾与冲突。

总之，这个世界完全超出理性逻辑思维把握的范围，因此任何否定超验和情感直觉的机器注定不可能真正产生属于心灵属性的东西。

## 关键是元模式跳转

在我们周围的自然环境中，存在着众多具有高度复杂而不规则、形状参差不齐而零乱的物体，无法用经典几何来描述，比如地貌、海岸线、云团、树叶、大脑皮层纹路等都是一些典型的例子。作为对这类形状系统研究的结果，20 世纪 70 年代初，美国科学家曼德布罗特（B.B.Mandelbrot）首先发现了其惊人的规律性并提出了分形的概念[184]。

用曼德布罗特的话说，所谓分形就是“粗糙而生动的海岸线模型”。图 6.3 给出的科克曲线是分形的典型实例。为了构造科克曲线，取边长为 1 的三角形。在每边中段加上尺寸 1 / 3 的三角形，如此继续下去，边界的长度是 3+（4 / 3）+（4 / 3）+（4 / 3）+…，直到无穷。但其面积永远小于包围初始三角形的圆。于是，我们就得到一个不可思议的结果：一条无限长的边线包围着一块有限的面积。类似地，对应到曼德布罗特的海岸线模型也一样，这样会得出一个惊人的结果，就是英国海岸线无限长。

图 6.3　科克曲线

分形有一个奇特的特征，那就是分形的“维数”大于分形所处拓扑空间的维数；或者说在分形所处拓扑空间中对分形的“体积”进行测量，你会得到无限之值。比如，对于科克曲线，你会发现有限面积的周长竟会有无限的长度。这便是一种测度与维数的并协关系。为了描述这种无限性的图形，你就用得着元模式跳转思维了。实际上，这也是曼德布罗特发现的分形的第二个特点，就是貌似复杂的分形图形，大都可以用非常简单的元规则定义，比如由一组仿射变换定义并通过递归迭代产生。

例如图 6.4 给出的混沌游戏图案，就是通过两条简单规则，靠随机决定着点位置的迭代方法来产生。具体办法是在一张白纸上某处选一个初始点，位置任意；然后起用两条规则，一条“正”规则告诉你移点的方法是“向东北方向移动 2 寸”，另一条“反”规则告诉你移点的方法是“向中心移近 25%”。接着开始掷硬币和画点，当硬币正面向上就按“正”规则画上一个新点；反面向上则按“反”规则画一新点。当产生了足够多的点后，则去掉最先画的 50 个点，这样就形成了图 6.4 所给出的分形图案了。对于这样的结果，你一定感到非常惊讶吧！这里的要点就是，每一个新点都随机落下，但逐渐显现出蕨类植物的形状，而全部所需信息都编码在两条简单规则里。

有趣的是，如果在初等数论公理系统中，用“黑点”表示“真命题”，用白点表示“假命题”，那么，在二维空间中，由推理规则推演出来的命题是否可证性，其形成的形势图居然也是一个分形图案，如图 6.5 所示。从图 6.5 中不难看出，不可判定的命题公式远远超过可判定的命题公式。其实得到这样的结论也不足为奇，因为哥德尔定理的证明用到的一个基础理论就是递归函数论，而分形的产生本质上运用的也是递归运算。

图 6.4　混沌游戏 [185]

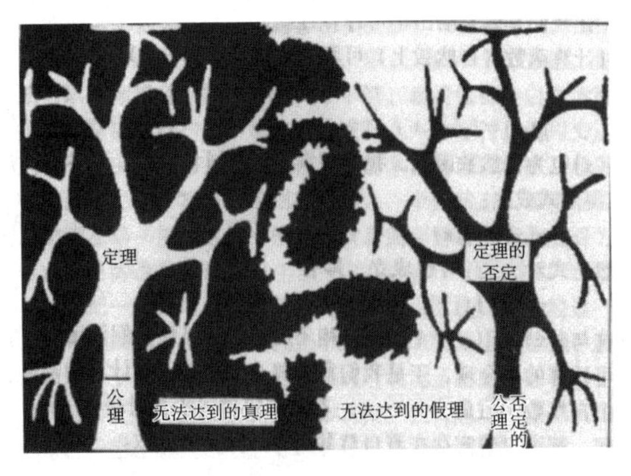


图 6.5　数论命题可判性形势图 [186]

因此，如果从构建的角度看，将分形图案本身看作一种模式，那么产生这一模式的规则就可以被称为元模式。有意思的是，当你从元模式的角度来看分形，分形就不再那么复杂了，而测度与维数之间的并协关系也不复存在了。这便是曼德布罗特发现的分形的第三个特点：分形具有跨越尺度的自相似性，其复杂性可以通过元模式跳转思维来消解。所谓大道至简，就是指世间万象的发生都可以归结为唯一的简单法则。

实际上，任何对象都存在模式和元模式的问题。描述语言的语言是元语言，模拟宇宙的虚拟宇宙是元宇宙，讨论哲学的哲学则是元哲学，研究数学本身问题的数学自然就是元数学，而能够产生程序的程序则是元程序等。

对于逻辑悖论而言，通过元模式跳转，你就可以轻而易举地跳出悖论的怪圈。世上的事情往往就是这样，当你从更高的境界（元境界）去看待原先百思不得其解的问题时，你就会有一种“不过如此”的释然感。例如，对于图 6.6 所给出的石版画《手画手》，如果你停留在这幅图画中去弄清到底是哪只手先画了哪只手的话，你一定会陷入不能自拔的悖论怪圈之中。但如果你从画《手画手》的画家这一元模式角度去看待这一问题，那么答案就很显然。结果如图 6.7 所示，这两只手都不过是画家所画，根本就不存在什么悖论怪圈（上面部分似乎是个悖论，下面部分是它的解）。

当然，在元模式层次上也还会有新的悖论，这又需要靠元元模式来跳转解决。只要你不放弃概念分别，那么元模式本身也会落入无穷回归之中。因此，从根本上讲，真正的元模式跳转，就是跳出逻辑思

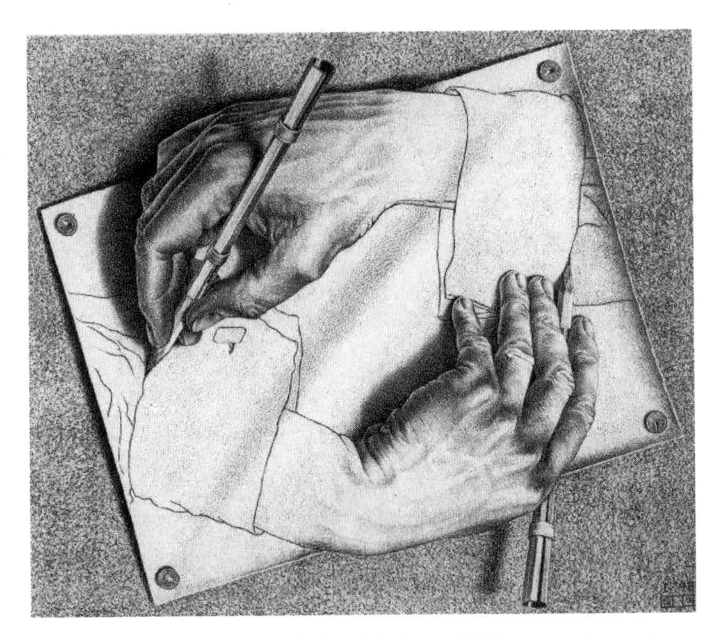

图 6.6 《手画手》（艾舍尔作，石版画，1948）

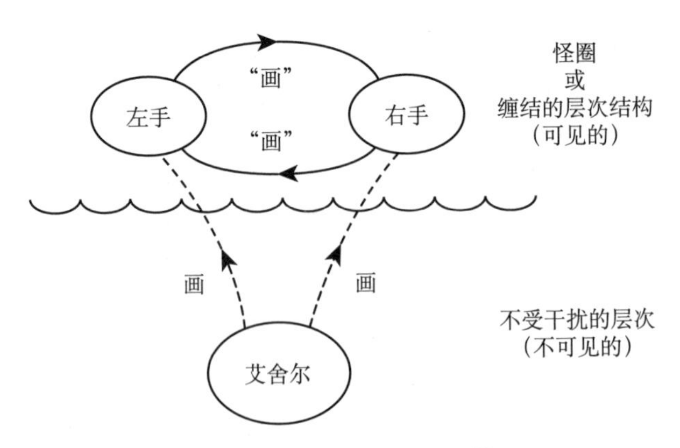


图 6.7 《手画手》的解读 [187]

维的概念分别怪圈，从根本上摆脱一致性与完备性这对并协概念带来的悖论渊薮的束缚。

正如两千多年前庄子在《齐物论》中所指明的那样："天地与我并生，而万物与我为一。既已为一矣，且得有言乎？既已谓之一矣，且得无言乎？一与言为二,二与一为三。自此以往，巧历不能得，而况其凡乎！故自无适有，以至于三，而况自有适有乎！无适焉，因是已！"[188]是的，就这一点而言，似乎禅宗看得最为彻底，或许也只有靠摈弃概念分别的禅悟才能真正成就彻底的元模式跳转。

所谓禅悟就是利用矛盾对立进而超越矛盾对立，以达到对终极本体"空性"的领悟。这就需要对任何概念分别予以"非之又非"而达成"是非皆遣"之境地，即所谓的双遣双非。如果与逻辑三段论相对应比较的话，这种双遣双非式跳转思维方式也可以看作是超越悖论的禅悟三段论。

禅悟三段论可表述为：所名 A，即非 A，是名 A。例如，唐代青原惟信禅师曾讲述过："老僧三十年前未参禅时，见山是山，见水是水。及至后来，亲见知识，有个入处。见山不是山，见水不是水。而今得个休歇处，依前见山只是山，见水只是水。"[189]对此，运用禅悟三段论来描述就是：

（1）见山是山，见水是水（所名 A）

（2）见山不是山，见水不是水（即非 A）

（3）见山只是山，见水只是水（是名 A）

这里 A 指"山水"，参悟后可指一切事物，或就指那个"空性"本体，不再有概念分别。

其实，当你引入了我们这里的禅悟三段论，并将“是名 A”看作对“所名 A”和“即非 A”的双重否定，那么禅悟三段论就是双遣双非法：

是名 A =～(所名 A ∧即非 A) =～(A ∧ ~ A)

= ~ A ∨ A =逻辑真

=无分别的真性（以禅宗观点看）=空性

也就是说，不管 A 为何命题，经过双遣双非之后，得到的都是一切为真的结果，不再有任何概念分别了（小心言语道断，对此结论本身也不可有法执）。

根据逻辑三段论，从矛盾命题 A ∧ ~ A 可以推出任意命题为真（这一点同前面所述的自指命题类似），而这正是超越悖论的“是名 A”的本义，即“一切均为真而无分别”。不同的只是在逻辑形式系统中不允许接纳矛盾命题。禅悟不然，由于禅宗对完善境地的追求，因此不但容纳矛盾，而且要超越矛盾对立。

这样一来，我们再回过头来看哥德尔定理，就会发现哥德尔定理恰好在禅悟三段论和逻辑三段论之间架起了连接的桥梁。正是这一桥梁使得从不一致性到完备性，再从完备性回到不一致性，形成了一个完美的回环。也就是说，接受矛盾命题，根据逻辑三段论可以推出一切为真。然后经过禅悟三段论解释为无分别的真性后，就达到了至善的“空性”，其是完备的。但正是其完备性，根据哥德尔定理获知，必须是容纳了矛盾性（不一致性），从而形成相连的回环。不过，这一切与不容纳矛盾命题的逻辑系统却毫不相干。因此，我们可以说，正是靠着禅悟，我们才能够突破悖论的藩篱而可以喻指终极本体的

“空性”。

运用这种禅悟跳转思维方式，我们同样可以解释或超越形形色色貌似矛盾的悖论现象，只要你不执着于概念分别的逻辑一致性。于此可见，逻辑思维的局限性便出在概念分别之上！确实这样，如果当真领悟了双遣双非跳转思维的精髓，你就能够超越任何悖论而获得自性的感悟。你不再会被那些悖论图形所迷惑，也不会死执于是非黑白之类的分别而难以释怀，反而你会更加自觉地体味到如下貌似毫无逻辑的禅趣。“问：如何是自在？师（神照禅师）云：不自在。进云：不自在时如何？师云：却自在。”[190]

的确，只要你摈弃逻辑分析，跳出矛盾对立，不执着于文字语言，通过象征隐喻的直觉体验，你就能领悟到其中平常的微旨。瑞士神学家 H. 奥特在《不可言说的言说》中指出：“对象征的体验使我们获得对不可说的真实的体验。因为正是象征之中并且通过象征，在我们之间实际产生了对语言界限彼岸的理解。”[191]

对于禅悟跳转思维也是如此。因为禅宗中的“空性”并不是空无，而是一种开放充盈的自我本性，不可以语言表达但可以语言显现。这种自性永远超越于逻辑思维之上，不仅需要用象征手段来言说，而且也通过悖论形式来展现。

因此，禅宗强调的既不是逻辑思维，也不是反逻辑思维，而是超越矛盾逻辑的双遣双非跳转思维。有禅宗公案描述道：“当药山坐禅时，有一僧问道：兀兀地思量甚么？师曰：思量个不思量底。曰：不思量底如何思量？师曰：非思量。”[192] 是的，禅宗主张的就是这种“非思量”境界。唯有这种“非思量”，才是最彻底的元模式跳转。

## 美在复调艺术中

宗教追求完善，艺术追求完美，因此同宗教一样，艺术表现矛盾冲突并努力超越矛盾冲突，而美便在其中。为了说明这样的现象规律，让我们以最典型的复调艺术为例子。

所谓复调艺术这一概念，主要由俄国文艺理论家巴赫金首先提出。巴赫金在评述陀思妥耶夫斯基的小说时指出:“众多独立而不融合的声音和意识纷呈，由许多各有充分价值的声音组成真正的复调——这确实是陀思妥耶夫斯基长篇小说的一个基本特点。……辩证法也好，二律背反论也好，在陀思妥耶夫斯基的世界里确实都有体现。他的主人公的思想有时确实是辩证的或二律背反的。但是，一切逻辑联系都只存在于各个单独的意识范围之内，对于各个意识之间的事件性关系并不起支配作用。”[193]

问题在于，这种表现手法反映的不仅是陀思妥耶夫斯基一人的小说，而且更重要的是反映了人类心智中一种根本性的艺术思维方式，这种复调艺术表现手法广泛地存在于各类艺术作品的创作之中。

例如，我国著名文学家曹雪芹创作的《红楼梦》就更深刻体现了这种复调艺术的精神。书中所言的“假作真时真亦假，无为有处有还无”，作为整部小说描写内容的概括，就明显超越了简单的“非此即彼”逻辑思维。其他像西方抽象派画家创作的多视点绘画作品（图6.8）、摄影家创作的多主题摄影作品（图6.9）、艾舍尔创作的《螃蟹卡农》（图6.10）等，无不体现复调艺术精神，这些都是典型的复调艺术作品，超越了矛盾对立的表现形式。

图 6.8　法国画家饶可让的钢笔画

图 6.9 《梳妆台》，菲 • 哈尔斯曼的摄影作品

图 6.10 《螃蟹卡农》(艾舍尔作，1963)

由于这种多声部复调艺术所描述的是时隐时现、此起彼伏以及模式与元模式跳转的多重主题相互消长、竞争和融合超越，所以往往寓意深刻、震撼人心，更具审美效果。这其实就是为了艺术完美性而有意丧失逻辑一致性的又一范例。

就以图 6.9 的摄影作品《梳妆台》而言，远看表现的主题是死神：一个骷髅；而近看表现的主题却是生命：一个美人在对镜梳妆。模式与元模式的两个主题相对立地、互衬地交织在一起，揭示了更高境界的哲理：色即空，空即色，从而超越了矛盾对立。这很有点像《红楼梦》第十二回里贾瑞看的那面“风月宝鉴”，正面是可人儿，反面却是骷髅，同样揭示了深刻的寓意：好色之徒必自毙。

澳大利亚学者安东·埃伦茨维希在《艺术视听心理分析》中指出："从最开始，你就绝不能把赋格主题当成一个旋律，而必须把它当作一个胚胎细胞，从中会生长出一个赋格曲的内部交织的复调结构来；你必须运用弥散注意，不是把注意力集中在一个声部上，而是分布在整体结构上，追随这个结构逐渐展开。"[194] 很明显，要创作这种复调艺术作品或要欣赏赋格曲，你首先必须改变思维方式。

因此，如果你还停留在"非此即彼"逻辑概念分别之上去欣赏复调艺术，那么就如同你走进了复调艺术作品的迷宫，会迷失方向。除了分离的主题各自的形象外，你听不出那超越整体的融合形象。这也就是为什么复调艺术作品难以理解把握的原因。一部《红楼梦》，研究了几百年，依然是仁者见仁，智者见智，也就是这个原因。如果人们欣赏复调艺术的思维角度依然停留在单调的逻辑分别之上，那么对那些复调艺术作品的超语言、超逻辑的统一性隐喻更是无从把握。

美的结构重复，不是简单地照原样复制排列，而往往像旋律的变奏一样，是有变化的重复。这就是复调艺术的又一个特点。例如，图 6.11 是一幅图画，却反映出了两种主题：白天飞行的黑大雁和夜晚飞行的白大雁。图 6.12 则是巴赫创作的一首螃蟹卡农乐曲，两个声部互为镜像，即第二个声部与第一个声部时间方向完全相反。至于图 6.13 给出的一首回文诗，其正读与倒读抒发了两种思念之情。所有这些表现出不同形式的回旋性的艺术作品，无不反映了人类超越逻辑的艺术思维丰富性。

图 6.11 《白天与黑夜》（艾舍尔作，木刻，1938）

图 6.12 《螃蟹卡农》（巴赫作）[195]

枯眼望遥山隔山，往来曾见几心知？
壶空怕酌一杯酒，笔下难成和韵诗。
途路阻人离别久，讯音无雁寄回迟。
孤灯夜守长寥寂，夫忆妻兮父忆儿。

图 6.13 思念家人回文诗

应该清楚，艺术家意识中所反映和体现的不再是客体世界僵死的映像，而是他人意识及其各自世界在心灵中的投射，是充满矛盾的情感性意识投射。因此，在艺术家的作品中，显现的意识、潜伏的意识交融作用同样犹如多声部的主题，时隐时现、此起彼伏。

确实，从复调艺术的创作来讲，人并非可以用来进行精确逻辑运算的有限、固定的存在，而是自由的、能够超越任何强加其上的规律性的自在物。巴赫金对复调小说家陀思妥耶夫斯基的艺术创作进行研究后指出："一个人任何时候都不会同自身完全吻合。对一个人不能使用恒等式：A 等于 A。按照陀思妥耶夫斯基的艺术见解，个性的真正生活似乎就发生在人同自身的这个不相符合之处，就发生在他超出其作为一个物质存在这一点上，而物质存在则是可以在人的意志之外，即'在背后'去窥视、判定和预言的。"[196] 这里"在背后"指的就是超越逻辑思维的方式。

总之，可以这样说，复调艺术的宗旨是追求众多意志结合，这些众多的意志往往又相互对立冲突。因此，只有借助于超越逻辑常性的思维方式，才能展现和欣赏复调艺术的美感，其反映的恰恰就是人类情感本身的纠缠不清和矛盾冲突。

## 情感计算中的陷阱

情感在艺术创造中占有举足轻重的地位，它不仅是艺术创造的直接源泉，而且也是艺术创造间接表现的对象。我国古代首部音乐理论著作《乐记》指出："凡音者，生人心者也。情动于中，故形于声，声成文，谓之音。”[197] 美国著名美学家桑塔耶纳指出：“美是一种感情因素，是我们的一种快感，不过我们却把它当作事物的属性。”[198] 其实，不仅在艺术上是如此，即使在科学思维和宗教信仰活动中，也都同样存在着情感因素的作用。情感表现深深扎根在我们的个性之中。因为情感不仅体现在被感动的客观条件上，更重要的体现在主观意愿的内在因素上。

神奇的是，不管人们如何不把情感当回事，甚至诋毁情感的作用，人类似乎每时每刻都离不开各种情感的影响。美国科学家约翰斯顿曾经提出这样一番反问：“想象一个没有情感的世界，这是理解情感重要性的一条途径。想象一下你没有任何情感，没有痛苦或欢乐，没有爱或恨，没有激情或欲望；最好再想象一下，你必须选择一种生活：没有情感的长生不死，或者拥有正常情感且能活到平均寿命，你选择哪一种？”[199] 我相信，绝大多数人，都会选择有情感的生活！

为什么情感对于人们如此重要？约翰斯顿指出：“离开了情感，我们的生活将贫乏无味，毫无意义。”[200] 也就是说，正是情感赋予我们生存的价值。所以约翰斯顿又强调：“我们的感情和情结远不是无关的副产品，而是人性中最珍贵的一部分。”[201] 那些推崇理智的哲学家们往往认为情感是我们人性无关紧要的副产品，这显然是错误的。

除了情感是人类内心世界最为重要的意识体验方式外，情感也是反映人类内心世界的重要途径。作为情感的表达，具体体现在以下三个方面：（1）情感是内在的激励动力机制，人类的理智活动，往往受到情感力量的驱动。无论是艺术创作，还是科学研究，抑或日常生活；不论是为个人事业奋斗，还是为公共事业奋斗，都离不开持续的情感力量的驱动。（2）情感也是防范危害的预警机制。情感可以即时性地感受到微小的有害因素，并通过产生负面情感的直接体验来加以规避。（3）最后，情感更是人生幸福体验的唯一途径，是享受快乐的基础。幸福体验又可以增进人们对生命、生活与社会群体的热爱。

那么，机器是否也能够拥有人类的这种情感能力呢？美国科学家皮卡特（R.W. Picard）在《情感计算》一书中讨论了有关情感计算的问题[202]。她认为有三类情感计算研究，一是让机器内部自发拥有情感动力，能够产生情感；二是让机器表现得似乎更富有感情，能够表达情感；三是具有识别人类情感表现的能力，能够识别情感。

很明显，机器情感识别与表达是值得去开展的研究工作。目前已经涌现的有关可穿戴式计算机（Wearable computers）、情感表现机器人、情感识别系统等各种情感计算系统，也正是这类研究的产物。但对于前者，要让机器内部自发拥有情感动力，则似乎是一件异想天开的事情。就目前而言，除了为改善人工智能中有关涉及情感因素的认知功能研究外，似乎并没有任何能够让机器拥有真正情感动力的迹象。

值得注意的是，在认知活动中涉及情感因素，这并不意味着我们可以采用类似解决认知能力的方法来解决情感能力的计算。如果真的这么做了，哪怕是成功了，实现的东西也不会再是情感的了，而是地地道道属于理性逻辑思维的东西。

因此，就皮卡特所介绍的有关情感识别、情感表达以及情感产生等计算化研究，都应作如是观：与其说是在实现智能的情感部分，倒不如说是在实现情感的智能部分。而实际上的情感却远非如此简单，而是表现在生理和心智方面都十分复杂的现象。情感所表现的复杂现象不可能由统一的逻辑理论来解释。

情感不能归结为理性逻辑思维的道理很明显，因为情感与我们非理性的原始欲望紧密相连。弗洛伊德将人类的这种原始欲望归结为潜意识中的力比多，在艺术理论中则将其看作艺术创造源泉的酒神精神。其实，民间诙谐文化，日常生活中打诨和做梦，反映的都是这种酒神精神，或者说是狂欢节类型的原始冲动精神。它们是深层心理宣泄的直接反映，而情感表现（因而推及艺术创造性）就是这种内心深处原始冲动的流露。结果就是通过这种深层心理宣泄来去掉习惯化的、理性化的、社会化的、规范化的“束缚”，回到感性的、直觉的、潜意识的非理性作用上来，求得精神的彻底自由。因而，机器如要拥有情感，其首先要具备人类内心深处原始冲动的欲望，如食欲、性欲、情欲等。

20 世纪 50 年代，作为早期人工智能的成果之一，美国科学家 W. 格雷 • 瓦尔特的机器龟就是试图让机器拥有“食欲”的一个例子。这种机器龟在电池用光之前，会以自己残存的动力在地面上四处爬行闲逛。特别是它会跑到离得最近的电源插座那儿“觅食”，将自己插上电源插座给电池充电。电池充满之后，机器龟又会从插座上下来，然后继续在地面上四处闲逛。

英国诺丁汉大学心理学讲师韦布（B. Webb）设计了一种机器蟋蟀，其具有昆虫本身如果遇到类似环境时会表现出来的许多复杂性。

比如“求爱”的能力：母蟋蟀鉴别和找到唱着歌的同种公蟋蟀的能力，喜欢更响亮的歌声等。如图 6.14 所示，这种机器蟋蟀其实是一辆笨重的机器车，形状呈立方体，每边长约 20 厘米，比起自然界的真蟋蟀可谓庞然大物了。

图 6.14　机器蟋蟀

丹麦技术大学考特瑞尔教授在 2003 年开发了模拟婴儿的机器孩童（Cyber Child）[203]，如图 6.15 所示。机器孩童具有控制发音与肢体的基本肌肉，一个胃，一个囊袋，疼痛反应器、触觉反应器、声音反应器和肌肉组织，通过模拟婴儿可以做出不同的行为反应。机器孩童还有一个血流葡萄糖测量仪，可以检测能量的耗尽和牛奶消费的增加情况。据此，机器孩童还可以感知到饥饿，表现出所谓的“食欲”。

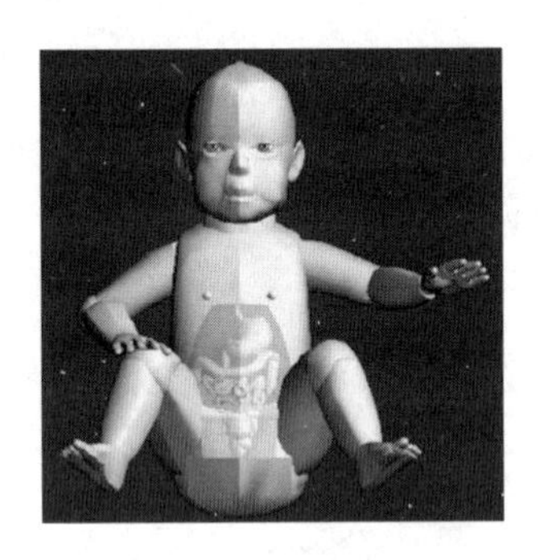

图 6.15 机器孩童

日本索尼公司也曾向公众出售的四足玩具机器狗，如图6.16所示。据说这种机器狗不但能根据自己的判断对外界的刺激做出反应，而且还能表达在与人类交往的过程中学会的各种“情感”，以讨好主人。

2020 年，美国波士顿动力公司推出了群舞机器人，在“Do you love me”歌声伴奏下，群机起舞。这些机器人配合默契，让人感受着激情四射的舞蹈表演。观看后无不令人叫好，似乎这些机器人真的满怀着激情。

图 6.16 四足玩具机器狗

其实，虽然机器龟、机器蟋蟀、机器孩童、机器玩具狗和舞蹈机器人似乎有那么一点“食欲”“性欲”或“情爱”，但很明显的是，这仅仅是一种象征性的模仿而已。当它们的“食欲”“性欲”和“情爱”得不到满足时，可以想见它们绝不会产生像“心发慌”“脑发热”及“肺气炸”之类的心理体验。说穿了，这些实验不过是使机器具有了某种信号识别能力、判断能力和歌舞表演能力，远远称不上具有真正的原始冲动欲望和情感。如果你把它们“杀了”或“灭了”，它们绝对不会反抗。这又怎能同人类的情欲相提并论呢？

两千年前，荀子曾指出：“性者，天之就也；情者，性之质也；欲者，情之应也。以所欲为可得而求之，情之所必不免也。”[204] 人类的情感是基于欲望而又是欲望的一种升华。有时这种升华可达到高深莫测的境界。现代美学家宗白华在《论〈世说新语〉和晋人的美》一文中指出：“深于情者，不仅对宇宙人生体会到至深的无名的哀感，扩而充之，可以成为耶稣、释迦的悲天悯人；就是快乐的体验也是深入肺腑，惊心动魄。”[205]

雅克·马利坦在《艺术与诗中的创造性直觉》则指出：“诗性认识以一种无意识或潜意识的方式自诗人的思想中产生，然后以一种几乎感觉不到但是强制性的和不可违背的方式出现在意识中，并通过一种既是情感性的又是智性的影响，或通过一种无法预测的经验的见识，这种见识只提示自己的存在，不过并不表达它。”“那个被我称之为动力的突发或直觉的推进的联合物在启发性智性之光的照耀下，被诗性体验所唤醒。”他最后强调：“总之，我认为，诗性意义或内在旋律、动作和主题、节奏或和谐的伸展，是诗性直觉或创造性感情转化成作品的三次顿悟。”[206]

确实，情感对于艺术创造更是至关紧要。大多数学者都会赞同这样的观点，那就是艺术是情感的表达，或者说艺术表达受到情感的驱动，因而是一种充满情感活力的想象活动。按照这样的观点，不同的艺术形式，不过就是情感在不同载体上的特殊表现罢了。比如，“情发于文，诗也；情寄于形，舞也；情载于声，乐也”，如此等等，不一而足。一句话，真正的艺术，就在于真情性的流露。

挪威学者布约克沃尔德在《本能的缪斯》中指出：“缪斯是女神，她们可以通过语言、舞蹈和音乐来改变世界。……创造力来自缪斯的世界，也就是说，缪斯天性就是创造力的基础。如果没有这唯一属于我们自己的缪斯天性的表达，我们就不能把存在的原始材料塑造成人的生活。”[207]这缪斯，不是别的，就是支配我们情感冲动的本能。因而，要想展开艺术创造规律研究，首先就要探讨其中的情感驱动作用。

我们知道，情感是主观评价的主要部分，而评价肯定是审美意义产生的基础，即康德所谓判断力。因此情感不仅是艺术审美活动的基础，同样也是艺术审美意义发生的基础。从认知神经角度讲，由于与神经活动的宏观模式有关的并不是刺激本身，而是刺激对机体的意义。因此，即使从神经机制上来看，同样神经活动的本质是意义而不是信息，而决定外部信息是否有意义的是价值评判。

这就意味着，情感除了决定艺术的表现，同样也是审美意义产生的基础，是意义价值的反映，从而决定着我们审美价值的判断。德国科学家福尔克·阿尔茨特和依曼努尔·比尔梅林，在他们合作的《动物有意识吗？》一书中甚至这么说："没有情感，我们就会失败；没有情感，我们就会失去据以做出判断的方向和尺度——无论在个人生活还是职业生涯中都是一样。当我们运用数学和事实努力进行实事求是的论证时，当我们提醒人们注意应不带成见地进行分析时，或者换句话说，要想保证我们的判断符合理智，就必须要有情感的作用。"[208]更何况是以表现情感为主的艺术审美能力了。

事实上，作为情感性艺术，比如音乐、舞蹈和诗歌，唤起情感体验的神经机制与那些其他非审美情绪感受（如恐惧、愤怒、负疚等）的神经机制与所不同。由此可见，审美性情感体验可以说是艺术活动的主要目的。在大多数情况下，这种内在情感体验与审美不可言传。因此，如何将艺术创作活动与情感审美认知联系起来，也就成为认知神经科学研究中的一个难题。

我们知道，情感从某种意义上讲就是常规理性活动过程中的"出错性"，是非理性的，但基于逻辑的机器是理性的。也许人们会说，非理性的情感在心理表现中不重要，甚至不起作用。但我们要强调，即使是理性思维，情感和其他非理性因素也在其中扮演重要角色。如果说理性的认知能力是前进的方向，那么非理性的情感能力就是前进的动力。人类的心理活动中岂可缺少情感动力！对于机器而言，缺少了情感能力，机器怎么能够像人类一样思维呢！

无可否认，只要有人类生活的地方就存在着情感。正是人类情感本身的丰富、变化及和谐，才使得我们人类显得无比神奇、美妙和伟大，使得我们的艺术充满着生机和活力。对于这一点，连人工智能先驱、美国麻省理工学院教授马文·明斯基在《心智社会》中也不无感叹地说道：“问题并不在于智能机器能否拥有情感，而在于没有了情感，机器是否还会拥有智能。”[209] 因此，情感的超逻辑性不仅意味着情感计算的不可能，而且也意味着，即使是单纯的智能，由于其无法摆脱情感因素的影响，同样也绝非逻辑运算的机器所能实现。

## 难以跨越的隐喻鸿沟

基于逻辑运算的机器，可以战胜人类一流的棋手，也可以解决人类未曾解决过的四色定理的证明等。但机器却无法应付非理性思维的禅境感悟和艺术创造问题，正如我们上述讨论中所揭示的那样。我们将会发现，逻辑机器对于非逻辑思维的隐喻领悟，同样也会显得无所适从。

对隐喻的领悟能力，反映的是人类心智活动的一种根本属性。当然隐喻领悟能力也是一种特殊的诗性元模式跳转能力，需要的是想象洞察力、认知理解力和应变创造力。因此，不仅在语言理解中有这样的表现，其他如在音乐、绘画和诗歌等艺术欣赏活动中也无不如此。

中国民间音乐家华彦钧（小名阿炳）创作的《二泉映月》（曲名是整理者后加上去的），就是一首寄寓着复杂情感隐喻的乐曲。如图 6.17 所示，《二泉映月》的主旋律由上下两乐句构成。加上展开部分的交替出现和变奏，整个乐曲把阿炳由沉思而忧伤，由忧伤而悲愤，由悲愤而怒号，由怒号而憧憬的种种复杂感情表达得淋漓酣畅。

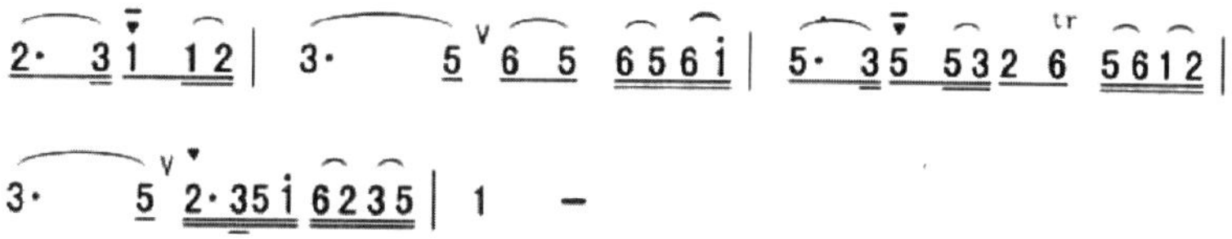

2· 31 12 | 3· 5 6 5 6561 | 5· 35 532 6 5612 |

3· 5 2·351 6235 | 1 –

上乐句

1 613 32 | 1· 61·2332 1·1 6123 | 5 –

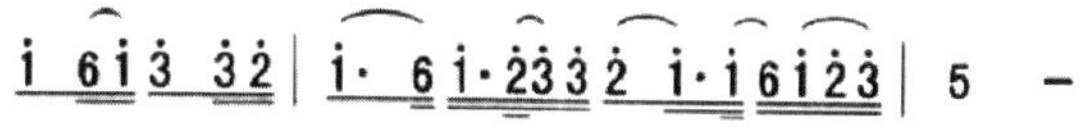

下乐句

图 6.17 《二泉映月》上下两乐句构成的主旋律

难怪日本著名指挥家小泽征尔会跪着倾听此曲而老泪纵横。或许他真正听懂了其中的弦外之旨。欧阳修的《赠无为军李道士》诗曰："无为道士三尺琴，中有万古无穷音。音如石上泻流水，泻之不竭由源深。弹虽在指声在意，听不从耳而以心。心意既得形骸忘，不觉天地白日愁云阴。"[210] 大约最是阿炳此曲隐喻的写照。

当然，音乐有弦外之旨，绘画也同样有像外之趣。明代画家王履在《华山图序》中就强调："画虽状形，主乎意，意不足，谓之非形可也。虽然，意在形，舍形何所求意？故得其形者，意溢于形；失其形者，形乎哉？"[211] 宋代思想家沈括在《梦溪笔谈》中干脆直言："书画之妙，当以神会，难可以形器求也。"[212] 像明末八大山人（朱耷）的绘画，你是否看出了其间的愤懑之情？

至于诗歌中的隐喻之意就更是深厚凝重了。欧阳修的《蝶恋花》词云："庭院深深深几许？杨柳堆烟，帘幕无重数。玉勒雕鞍游冶处，楼高不见章台路。雨横风狂三月暮。门掩黄昏，无计留春住。泪眼问花花不语，乱红飞过秋千去。"[213] 诵读之间，不禁就有心泪涌动之感慨。

词语能打动人，不在言语浅而在隐喻深，由此可见一斑。对于欧阳修的《蝶恋花》中“泪眼问花花不语，乱红飞过秋千去”，《古今词论》引用毛先舒的话语分析道：“词家意欲层深，语欲浑成。……‘泪眼问花花不语，乱红飞过秋千去。’此可谓层深而浑成。何也？因花而有泪，此一层意也；因泪而问花，此一层意也；花竟不语，此一层意也；不但不语，且又乱落，飞过秋千，此一层意也。人愈伤心，花愈恼人，语愈浅而意愈入，又绝无刻画费力之迹。谓非层深而浑成耶。”[214] 从中不难看出隐喻之重要和对隐喻领悟之困难。

明代学者袁宏道在《叙陈正甫〈会心集〉》中有段精辟之论：“世人所难得者唯趣。趣如山上之色，水中之味，花中之光，女中之态，虽善说者不能下一语，唯会心者知之。”[215] 对艺术作品中隐喻的领悟同样也是如此。你想人且如此，何况机器！

图 6.18 是坐落在南印度历史名城哈巴利布勒姆的一座据说是世上最大的浅浮雕，标题为《阿周那的忏悔》。在浮雕上部的左方，智者阿周那（其人其事参见《薄伽梵歌》）被雕刻呈瑜伽姿势。下部右方站着一只猫，围绕着猫有一群老鼠在发笑。很明显，对于不了解印度瑜伽文化、不了解阿周那在印度历史中地位的人而言，很难领会这座浮雕的深刻隐喻，甚至连这座浮雕各部分之间最起码的逻辑联系也建立不起来。阿周那为什么要持这种瑜伽姿势？猫为什么会模仿阿周那的姿势？那些老鼠又为什么不怕猫，反而围绕着猫欣喜不已？

图 6.18　阿周那的忏悔

隐喻，不管出现在什么艺术形式中，一个最基本的特点就是含糊性，而这恰恰是精确严密的逻辑形式系统所不能容忍的。20 世纪 50 年代，美国逻辑学家王浩通过将数学归纳法应用于“小的”这一含糊概念性质，就推导出了一个“悖论”：

（1）1 是一个小的数。

（2）如果 $n$ 是一个小的数，那么 $n+1$ 也是一个小的数。

（3）所有的数都是小的数。

问题出在哪？问题恰恰出在“小的”是一个含糊概念。由此可见，逻辑形式系统是多么脆弱！又怎么能指望它去处理像隐喻这样复杂的事情呢？！

美国哲学家托马斯 • E. 希尔在《现代知识论》中指出：“推理要求分析与综合，二者从根本上说来是同一过程中两个不同的方面，但推理的首要条件是始终保持同一性。由前提到结论的推移绝不能仅仅是外部联系，而必须是内部联系。……矛盾的本质在于只有外部联系而没有可以认出的内部联系。”[216] 这正是机器无法处理隐喻领悟的情形。

其实，逻辑形式系统的局限性除了表现为我们讲到的不可判定性（哥德尔定理）和不可计算性（图灵机理论）外，更重要的还在于对真理性概念的不可定义性。1933 年波兰逻辑学家塔斯基（Tarski）证明了这一事实：在一个复杂到一定程度的形式系统中，为真的命题的概念（即这一系统中真命题的集合）是无法定义的。由这一定理可以得出这样的推论：在自然语言中不可能定义真理性概念。在自然语言中“P 是真的当且仅当 P 成立”可表述为：

P 是真的→ P

如令 P 代表“P 是假的”这一命题，那么代入上式，右边就成为：

P 是真的→ P 是假的

这显然是荒谬的。

注意，上述论证用到了自指句：令 P 为“P 是假的”。也就是说，如果假定在层次不分（指对象语言与元语言混同使用）的自然语言中能够有真理性概念的定义，必然导致荒谬的结果。因此，结论就是真理性概念不可定义。其中的关键问题就在元语言和语言模式之间的非逻辑跳转。隐喻领悟恰恰就是利用于了元模式跳转机制，因而不可能为逻辑所能描述。

逻辑是客观严格、精确和一致的。逻辑强调简洁性和形式化，其越是确定越好，容不得歧义。但艺术作品和宗教说教则不然，它们尽管也是综合的，却强调丰富性和寓意性。它们简洁却生动，其含义多样，依赖于个体主观的理解，为了完备性不惜牺牲一致性。它们从不希望把一切现象都纳入一种无所不包的统一逻辑系统中。反之，它们的责任在于保存、阐明和协调非客观知识类型的经验和直觉体验。所以，艺术和宗教是主观地感受诸现象的情感和超验的提炼，远非靠逻辑分析手段所能把握。

总之，只要我们明确认为，所谓让机器拥有心智是指人类的心智活动可以归结为逻辑运算，那么，从我们上述的讨论中，我们已经看到对宗教体验和艺术情感的隐喻把握，已经远远超出了逻辑思维所能涉足的范围。因此，除非将来人类依靠其他非逻辑计算手段来创造拥有心智的“机器”，否则任何想让逻辑机器拥有人类终极的心智能力，终将徒劳无益。

## AI 能够击败人类吗

迄今为止，我们已经围绕着“将芯比心”这一主旨做了全方位的论述。现在我们将以“AI 能够击败人类吗”的话题来正面回答问题：“机”智过人了吗？希望读者对人工智能的限度，能够有一个更加直观的认识。

在人工智能研究历史上，类似“深蓝”“阿尔法围棋”这样击败人类最优秀选手的令人“震惊”事件已经不止发生一次了。更有甚者，2011 年 2 月 IBM 另一台名为沃森（Watson）的机器，靠着储存 2 亿页资料知识和每秒 500GB 的运算速度，在电视益智节目《危险来了》中击败了两位人类对手。这名叫沃森的机器因此赢得了 100 万美金的奖金，充分展现了机器的“神奇力量”！

2022 年 11 月，美国人工智能研究公司 OpenAI 又推出了一款智能聊天软件系统 ChatGPT，并在 2023 年 3 月进一步推出具有多模态交互功能的 GPT-4。这些智能聊天系统能够与人类有效进行（多模态）自然语言对话，表现出非凡的因果理解能力，逻辑严谨，聊天主题切合性令人满意。

ChatGPT 系列智能软件系统不是针对一个模型或者一个单独任务进行系统开发，而是将所有应用任务统一起来进行指令精调（Instruction Tuning）。为此，ChatGPT 采用大规模预训练模型，调参数目达到上千亿规模，再加上超大规模人工标注的数据，以及预先训练中人类反馈的强化指导学习机制，使其能“涌现”出超常的“智能”。如此，ChatGPT 通过对目标任务进行精调，就可以按照用户要求生成高质量的提问回答、文章撰写、网页生成、自动编曲等结果。应该说，像 ChatGPT 此类智能系统其实本质上已经不是一个简单的聊天系统，而是一种“对话式通用人工智能工具”。

于是，在不了解此类智能工具背后的生成模型及其算法运作机制的情况下，民众往往会被其表现的“超常”效果所迷惑。应该说，ChatGPT 此类智能软件系统在知识的表示以及知识调用方面确实取得了技术性的突破。因此，此类“对话式通用人工智能工具”也将会给人类感官带来越来越大的冲击。

当然，在听闻了这许多机器战胜人类的消息而感到震惊之后，社会舆论哗然，人们纷纷担心 AI 技术对人类的毁灭性冲击。于是，各种耸人听闻的论调甚嚣尘上。比如，有人认为 AI 将战胜、取代，甚至毁灭人类，最起码 AI 会对人类造成无意，甚至有意伤害。某些专家学者也非常认真地讨论起与其相关的伦理、法律问题，甚至沙特王国还煞有其事地授予一位“女性”机器人公民称号，这名机器人“公民”还扬言要毁灭人类。诸如此类的议论、报道、消息，不绝于耳。那么，事实果真会如此吗？

从理论上讲，Al 要全面击败人类，不管这种击败指的是什么（是战胜、取代、毁灭，还是伤害等），其开发的 AI 系统必须具有自决能力。如果用人类作为参照，所谓自决能力就是智能主体具有按照自己的意愿、立场有意识地进行思想、言语和行为的能力。显然，只要人类开发的 AI 系统不具备这样的自决能力，那么，不管 AI 系统在某个方面如何出色，像“AI 可以击败人类”这样的命题都不可能成立。

当然我们可以说：开发、掌控或利用 AI 技术，一些人可以击败另一些不懂 AI 技术的人；但我们不能说：AI 可以击败人类。比如，程序员们通过所开发的“阿尔法围棋”系统在围棋比赛中击败人类棋手。但这还是一群人击败了另一群人，只是胜利的那方掌握更加先进的 AI 技术而已。好比说，拿着一把菜刀的歹徒把一位无辜的民众杀了，我们不能说那把菜刀是杀人凶手。同样，掌握和运用 AI 技术的人们击败了另一群无辜的人们，我们也不能说是 AI 技术是胜利者，除非 AI 系统具有自决能力。

那么，目前或将来的 AI 系统能够具有自决能力吗？我的回答是：不可能！为了说明这样的结论，我们下面就按照目前可以构建的 AI 系统和将来可能构建的 AI 系统这两个方面分别给出说明性论证。

对于目前可以构建的AI系统，其计算基础都是基于图灵机模型。因此凡是图灵机不可能实现的，所有基于其上开发的AI系统也都不可能实现。通俗地说，就像我们这部读物所有章节再三强调的那样，凡是超越逻辑一致性的事情，它们都不能胜任，包括人类拥有的自决能力。

比如，以ChatGPT为典型代表的语言生成系统，尽管其表达效果惊艳，但其与人类的心智能力相比还远不完美，存在很多不足，包括事实一致性不足、逻辑一致性不足等。如果深入智能的核心能力，相比人类的心智而言，ChatGPT之类的系统均欠缺灵活多变的自决处置能力和具身认知能力。因为，包括ChatGPT系列软件系统在内，目前所有的预先编程式智能系统，均缺乏自决应变能力，根本无法灵活应对超出预先编程意料之外的情境。

当然，如果要给出AI不可能拥有自决能力的直接原因，那么必须分析人类与其相关的一些根本特性。为此我们将指出，除了美国心智哲学家塞尔“中文之屋”指出的意义鸿沟外[217]，现有的AI系统不可能拥有人类自决能力，因为其不可能拥有人类如下三个方面的根本特性。

首先就是人类的出错能力。根据第三章的论述，AI系统不可能自发出错，但人会自发出错。我们知道，出错能力是自然和社会最为重要的特性。因为如果没有自然和社会的出错性，新事物就不会产生。出错性背后涉及的是混沌动力学自组织系统的自涌现机制，绝非计算所能实现，却是人类创造性思维所依赖的根本机制。

必须清楚，所谓创新就是出现了有价值的错误，这是由其所产生的文化环境所选择确定的！这里需要分清，AI系统也会在使用过程中“出错”，但这是由于所编制的程序系统有漏洞，是程序员犯了错误！机器只不过是严格执行了错误的代码而已，说到底还是人在犯错误。所以，机器“出错”与人类的出错性，不能相提并论！

对于目前预先编程的AI系统，其永远不可能具有人类的出错性，因此也就不可能具备人类的涌现性创新思维！结论就是，受制于预先编制程序的AI系统是不可能自发创造自己的意愿与立场的，自然也就谈不上做出自决行为了。

其次就是人类的自我意识能力。在第四章的论述中，我们已经清楚，原则上自我意识活动是一种内省反思式的心理现象，具有超逻辑的特点（即自我反映性质）。目前基于逻辑计算的AI系统，均不可能拥有这种能力。李世石在下围棋的过程中随时能够意识到自己正在下棋，但阿尔法围棋只是机械地执行程序代码，并不能意识到自己正在下棋。

正是拥有了自我意识能力，可以随时转移注意力，才使得我们人类具有灵活措置事务的自由意志。比如，人类棋手可以随时从当下棋局中跳出来，随性地中断下棋比赛。但机器一旦启动了程序，就不可能自己随性中止进程，除非使用该系统的人，强行予以关机或终止程序执行。须知，自我意识能力是实现自由意志的基础；如果AI系统不可能拥有自我意识能力，就不会具有自由意志，也就谈不上任何自决能力了。

最后就是人类的主观体验能力。我们已经清楚，主观体验涉及感受意识，这也是主观意义产生的根本基础。人类主观体验涉及的关键本性就是感受性（qualia），这是一种不可还原为物理过程的意识特性。

感受意识的核心性质就是主观性，也被学术界称为意识的难问题。对于感受性，不用说通过 AI，就是物理还原也无从下手。因为感受性根本不属于功能实现的问题，就是所有的心理功能够被解释了，仍然无法加以还原这个感受性。

如果意义发生是 AI 难以跨越的鸿沟，那么感受性就是 AI 根本不知如何去飞越的天堑。姑且不说在有意义的对话上机器不能通过图灵测验[218]，它使得机器不能产生有意义的观点。即使如 ChatGPT 这样的机器能够产生有意义的观点，但由于机器无法拥有感受性，也就无法使产生的这种观点带上丝毫一点主观性。而不能产生主观观念的 AI 系统，就没有做出自决行为的主观意愿、立场，自决能力也就无从谈起了!

通过上述说明，对于现有的 AI 系统，由于缺少自发出错能力、自我意识能力和主观体验能力，其不可能拥有自决能力。现在我们再来说明，对于未来可能构建的 AI 系统，也不可能拥有人类的自决能力。因为从目前已有的发展趋势来看，AI 系统比较有潜在优势的发展方向有如下三个突破途径，却都不可能实现人类意识的自决能力。

第一是非经典计算途径。非经典方法包括 DNA 计算、类脑自组织计算，以及最近发展迅速的量子计算。DNA 计算，已经证明与图灵机计算能力等价；类脑自组织计算，参见如下第三种即合成生物学途径的讨论；这里重点讨论量子计算问题。

目前，量子计算机走向市场，似乎已经到了呼之欲出的阶段。但是，所有的量子计算装置的实现，都必须解决去相干性问题。于是就必定会引入有效的控制手段加以限制，否则就无法完成人们所赋予的计算任务。

这样一来，除了量子叠加性带来快速计算的好处外，基于量子计算所开发的 AI 系统照例也要被人类所操控，无法独立做出体现自由意志的决定。所以，基于量子计算的未来 AI 系统也就不可能拥有自决能力。

第二是混合智能途径。AI 未来发展的一个重要方向，就是突破目前经典图灵计算的藩篱。如果经典图灵计算方面不能有实质性的突破，那么未来 AI 发展的出路就只有建立在混合智能研究之上了。

所谓混合智能（cyborg intelligence，CI），就是将生物智能（人脑）与机器智能（机芯）相互融合为一体，共同完成原本任何一方都不能单独很好地完成的任务，从而实现生物智能和机器智能均望尘莫及的更为强大的智能表现。显然，这样的混合智能系统，从理论上讲确实非常强大，肯定会超越人类的心智能力。

但是我们必须明白，与生物智能捆绑在一起的 AI 系统，无论如何都受制于生物智能。如果这样的混合智能系统有什么超强的能力发生，其中一定也有生物智能的参与。所以，离开了生物智能的贡献，也谈不上半点的自决能力。于是，问题就变为如下第三个方面的讨论了。

第三就是合成生物途径。或许有人会说，现代生物技术完全可以通过生物合成的方式，直接形成类人生物体。这样的生物体具有与人类一样的生理与心理特性，自然就完全拥有了人类一切的智能能力了，包括自决能力。

除此之外，也有一些宏大的科学工程项目，比如欧盟的蓝脑工程项目，试图完全模仿人类神经网络来实现人类心智能力。不过要做到完全模仿，自然也会涉及生物机制的合成问题，所以关键也必然在于生物合成途径。这样的途径说到底就是通过类脑自组织来实现与人类同样的意识自涌现，甚至自反映机制。

但遗憾的是，即使合成生物体研发成功，就像混合智能中的生物智能一样，利用的也是自然机制。这样一来，其所实现拥有的关键性能力，特别是自涌现的自决能力，与人工智能的"人工"两字毫无关系！

这样看来，人类心智特别是意识自决能力的机器实现问题比我们想象的要复杂得多。正是通过人类心智与机器智能的比较，让我们能够更好地意识到人类心智的精妙复杂。美国心智科学家平克指出："我们必须认识到，在那些看来稀松平常的人类心智活动的背后，有一个极为精妙的复杂设计。我们之所以到现在还见不到真正像人一样的机器人，并不是因为以机械方式重造人类心智是一个错误的想法，而是因为我们人类日常处理的工程问题，要比登陆月球或测序人类基因组困难得多。在解决这些工程问题的基础上，我们才能够观物、行走、做计划以及完成日常事务。大自然又一次找到了巧妙的解决方法，而这些方法，人类工程师至今还不会复制。"[219]

是的，人们可以从不同视角来看待人类心智，比如从大脑的神经机制、文化语言的表现、社会化过程、学习适应能力、心智的复杂性、事物自组织规律以及神经动力学等，但人类心智及其现象要比所有这些视角获得的描述加在一起还要复杂。这也就是为什么我们可以在科幻电影大片中看到那么多超强的机器人，而在生活中却连一个也看不到。

因此，如果有可能，那也只有在了解了人类心智的复杂机制之后，用复杂性来对付复杂性的策略，从而实现具有人类心智的所谓“机器”。当然，实际上这种用复杂性来对付复杂性的方法，由于仅仅只是利用自然力量来对付自然模仿问题，因此从根本上讲已经不属于人工智能的范畴。

从这个角度上讲，任何让机器拥有心智，甚至意识的努力，必然会遇到这样的两难境地：要么放弃逻辑的人工手段，采用特异化的自然手段；要么坚持局限的逻辑人工手段。前者正是自然界孕育出人类心智的途径，即使“仿造”成功，也已不是“人工”的心智了。后者则死路一条，那就是基于逻辑计算的机器，只能是无心的机器！

从上面的分析不难看出，无论如何发展 AI 技术，只要采用人工手段来开发，就一定会受制于人类，不可能拥有独立的自决能力，因此也就谈不上可以击败人类的问题了。当然，这不等于说我们无须防范 AI 技术有可能被人们利用或误用而带来危险和灾难。因为，对于人类社会而言，可怕的不是发达的技术，而是利用发达技术的人做出破坏性、灾难性的行为。所以，避免人为利用先进技术导致对社会的破坏或灾难，根本出路不是阻止或防范先进技术的发展，而是拯救人心！

其实，AI 技术与历史上所有先进技术一样，都仅仅是人类运用的一种工具。我们经常说，科学技术是一把双刃剑，可以用之造福于人类，也可以祸害人类。但这还是人心的问题，与技术本身无关。

AI 技术作为科学技术的一部分，也不会例外。

AI 技术的进步可以使人类更好地应对复杂工作或生存环境，营造更加方便舒适的生活方式。AI 技术的进步当然也会被别有用心的人所利用，从而对我们的社会造成危害。但是无论是有益还是有害，AI 都只是一个技术工具，造成有益或有害结果的，都是掌控 AI 技术背后的人。

因此，我们不能说 AI 系统会战胜人类或伤害人类之类的话，因为在某方面战胜人类或伤害人类是掌握或利用这些 AI 系统的人。就制定有关法律而言，对于任何 AI 系统伤害人们的事件，也不应该追究 AI 系统的责任，而是要追究开发、掌控或利用 AI 技术造成伤害事件背后的人。

技术有先进和落后之分，但运用技术的终归还是人类。从这个意义上讲，AI 技术越伟大，恰恰说明我们人类掌握、开发、利用先进技术的能力越强大！所以，就整个人类群体而言，AI 永远不可能击败人类！倒是我们人类，可以随时击败 AI 系统，方法也很简单：只须弃之不用！

我们的结论就是，讨论 AI 会击败人类是伪命题，人类也无须对 AI 技术的发展徒生恐惧。AI 也不可能击败人类，就像历史所有进步技术的出现一样，从来都是为人类的福祉服务的！因此我们应该张开双臂，迎接以 AI 为支撑技术的智能社会早日到来！

# 尾　声

宋代理学家朱熹诗曰："步随流水觅溪源，行到源头却惘然。始信真源行不到，倚笻随处弄潺湲。"吟诵着朱熹的这首偶题诗，不禁让人想起了荷兰画家艾舍尔的那幅《瀑布》石版画（参见图尾.1）。看来古代东方哲人与现代西方画家都深深觉察到了对完美理想追求中必然遇到的困惑。

是的，对于物质、宇宙、生命、心智、精神等根本终极规律的探寻，都无法回避因追求完备性而陷入不一致性的困境。两千五百年前，先圣孔子曾谆谆告诫世人："天何言哉，四时行焉，百物兴焉，天何言哉！"[220] 如果我们连自然心智活动的根本机制和运转规律也不能真正揭示出来，那么仅仅依靠概念分别的逻辑思维机器，又怎能

图尾.1 《瀑布》(艾舍尔作，石版画，1961)

够实现这一切呢？！

我们已经知道，人类的心智存在着许多不可名状的心理感受、不可言说的内心体验以及不可理喻的灵感思维等现象，这无疑说明不是所有心智活动都可言说。即使退一步讲，哪怕人类的心智活动都可以用语言来表述，但由于语言使用中普遍存在的自指现象、元语言与语言混用现象以及言辞矛盾现象，使得任何想要一劳永逸地将语言化为逻辑的努力，终归都将徒劳无益。特别是塔斯基所证明的真理的语言不可描述性，更是为语言的逻辑化表述笼罩了抹不去的阴影。

很明显，在人工智能的征途上早已设置了种种难以逾越的鸿沟。如果我们不能在此征途中自始至终都谨慎从事——只做机器能做的工作，那么我们难免陷入纠缠不清的逻辑泥潭中而不能自拔！请永远记住，能够孕育出我们心智能力的东西，一定不是靠我们的心智能力创造的，否则就一定会陷入矛盾的泥潭。

因此，面对"'机'智过人了吗"这一问题，通过将"芯"比心，在我们对机器心智所面临的种种困难有了一番了解后，我们终于也明白了，除了循环往复，一次又一次回到原处之外，我们别无可能。也许，我们应该听从朱熹的教诲，放弃对不可企及"真源"的寻找，而是在人工智能力所能及的具体技术研究中，随处驻足，摆弄摆弄清流潺溪，为促进和推动人工智能及其应用事业的发展而努力。我们应该让人工智能研究成为信息社会新方法、新技术的源泉，而不是试图凭空创造什么"有心的机器"。

不过，回溯历史，众多人工智能研究者对此却不以为然。早期人工智能开拓者麦卡锡和恩格尔巴特对于能否制造有心机器的争论依然延续至今。正如美国学者约翰•马尔科夫在《人工智能简史》中所指出的:“在已经过去的50年中,麦卡锡和恩格尔巴特的理论仍然各执一词,他们最为核心的冲突仍然悬而未决。(麦卡锡)一种方法要用日益强大的计算机硬件和软件组合取代人类;(恩格尔巴特)另一种方法则要使用相同的工具,在脑力、经济、社会等方面拓展人类的能力。”[221]

麦卡锡的立场代表人工智能的愿景,认为强人工智能在不远的将来必定能取代人类,届时机器将拥有与人类匹敌的智慧和意识能力。恩格尔巴特则持有智能增强(Intelligence Augmentation,IA)的理念,强调通过人机共生的方式,使机器更好地为人类社会服务。

我赞同智能增强(IA)的观点:开展机器智能的研究,目的不是要取代人类的心智,而是为了延展人类的心智,以便更好应付复杂环境与社会带来的挑战。或许在人工智能发展的道路上,这种智能增强取向才是我们人类应该持有的正确选项。

因此,未来人工智能,或者更加确切地说是智能科学技术(超越单纯的人工途径,因此不再适合使用“人工智能”这一术语),如果要进一步发展智能增强技术,应该在人机共生的高级方式,即脑机融合方面多做探索[222]。甚至我们可以采用混合智能实现途径,最大限度地提升人机混合系统的心智水平。

一般而言,脑机融合技术主要分为脑控与控脑两个方向。脑控是从脑到机的控制,即通过生物脑的原生信号来操控人工设备,如图尾.2所示。控脑则是从机到脑的控制,即通过各种人工设备产生电子信号来刺激生物脑,从而传输某些特殊的感觉信息,或是模拟某些特殊的神经功能，如图尾 .3 所示。

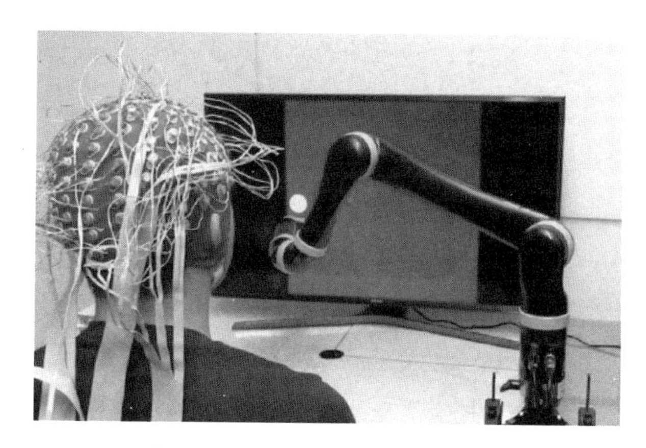

图尾 .2　人类脑电信号控制机器手臂

实际上，人类进入 21 世纪，随着脑科学研究突飞猛进的长足进步，脑机混合研究也已经成为智能科学技术研究的全新方向[223]。特别是，随着生物器官组织合成培育技术的不断成熟，最近形成了合成生物学的分支学科。通过生物组织合成培育技术，完全可以按照各种需要来人工培育生物神经组织，即所谓的湿件（wetware）。生物合成的湿件，自然可以直接与数字芯片相衔接，并控制机器行为。

为了保证湿件较为复杂的心智能力，理想的湿件应该通过人类生物脑组织来合成。不过，目前提升动物脑组织的心智能力已经成为可能。比如，可以通过基因工程培育更加智慧的老鼠等（图尾 .3）；或者通过智能药片（某种特定蛋白质作用酶的注入）来提升动物的智能；或者通过颅磁刺激（TMS）脑组织适当的部位来提升认知处理的速度和敏捷度，从而提升动物潜在的智力。因此，我们也可以将提升智力水平的动物脑组织作为湿件。

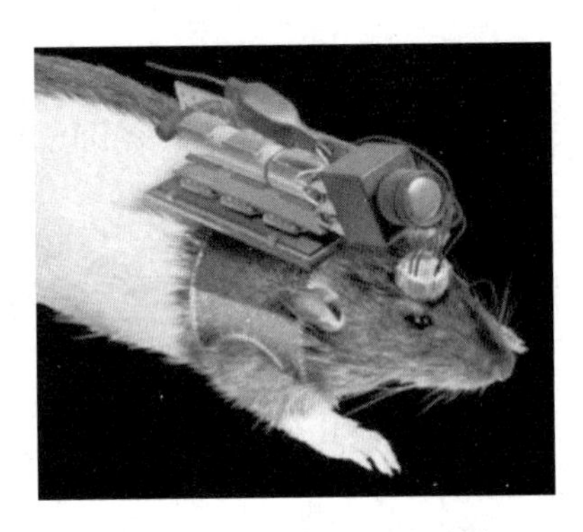

图尾.3　控制鼠脑支配其行为

注意，对于通过硬件与软件所构建机器的传统途径而言，湿件这种全新构成要素的出现，也许是突破纯粹机器心智能力实现的全新途径。也就是说，我们可以在经典机器体系构成中引入湿件，并与传统软硬件无缝连接，形成一种生物脑组织与机器软硬件融于一体的混合智能体。如此这般，我们就可以通过生物脑组织本身的心智发生机制，来呈现混合智能体类人心智。

我们知道，机器智能和人类智能彼此都具有对方所不擅长的优势。机器擅长于快速精确计算、海量记忆存储、快速检索信息等，而且在高速运动、飞行、深海探索和宇宙探索等对人类身体有所限制的环境下也可以自如行动。人类智能则擅长快速学习、抽象想象、创造性思维、意识体验等。

脑机混合系统则可以将双方的优势互相结合，从而实现人类智力的进一步延展，以及让机器在某种程度上实现类人心智能力。因此，就机器心智研究而言，脑机混合系统可以弥补单纯机器无法产生类人心智状态，特别是意识方面的不足。我们可以将脑机混合系统产生的心智称为脑机混合心智。

在技术操作层面，实现脑机混合系统也是可行的。首先，机器通常使用电信号来处理信息，而生物脑组织的神经信号主要采用的也是电脉冲信号，在这一点上二者存在着共同点。其次，生物脑组织的各个区域存在功能分工，如负责语言、负责视觉、负责运动等，因而可以针对性地采集特定功能区域的神经信号并将其与人工设备进行信号对接。在掌握其具体功能后，便可以研发该部位的功能替代物。最后，大脑本身具有可塑性，我们可以对其进行计算建模，也使可塑性在人工信号与神经信号建立起联系的过程中起到重要作用。

当然，这样一来也会面临新的伦理挑战：混合的新智能体到底是依旧属于人类个体呢，还是可以称作为机器个体，其界限又在哪里？反过来，在人类的大脑中不断注入替换芯片，替换到什么时候可以称之为机器呢？

对此问题，美国心智哲学家平克有一个比较生动的论述："外科医生用一个微芯片替换了你的一个神经元，复制了它的输入—输出功能。你的感觉和行为都与以前完全一样。然后他们又替换了第二个，第三个，直到你的大脑逐渐变成了硅质的。因为每个芯片都与神经元做的工作完全一样，你的行为和记忆一点儿也没有变化。你能注意到这个差别吗？这在感觉上是像濒临死亡吗？有某个其他有意识的实体移居到你的脑中了吗？"[224]

为了避免这样的哲学或伦理困境，我们需要给出混合智能系统构建的一些限制。比如，不允许在人类个体之中植入芯片或器件来形成混合智能系统，但可以将人类个体作为一个整体与其他人类个体、机器智能系统或混合智能系统相融合，从而形成混合智能群体系统。这样一来，就像人类群体一样，也可以形成人机混合群体。不同的是，由于可以利用脑机双向接口技术来进行脑与脑或脑与机之间的直接通信，这样的混合智能群体交互合作更加高效。

于是，除了人类群体思维之外，我们还可以考虑混合人类智能体与机器智能体而形成多种个体思维的强大组合，即超级思维（Superminds）。在未来智能社会里，除了人类智能主体之外，还有各种机器智能主体。人类主体与机器主体一起构成的紧密型社会群体，给未来智能社会带来了全新的挑战。

比如，随着智能科学技术的不断发展，特别是混合智能技术的迅速发展，人机混合群体规模也将显著增大，并大幅提高群体超级心智水平。在未来智能社会里，除了人类自身之外，那些机器智能主体，比如软件智能体、智能机器人以及混合智能体等，也会完成如今只有人类才能胜任的复杂任务。此时，我们可以通过超级链接（hyperconnectivity），以全新的脑机连接方式和空前的脑机连接规模将人类与机器的心智彼此连接起来，就可以让群体产生超级心智效应。

那么，这样的人机混合群体有意识吗？如果将意识定义为：（1）觉知（awareness），（2）自我觉知（self-awareness），（3）目标导向行为（goal-directed behavior），（4）信息整合能力（integrated information），和（5）体验（experience），那么从某种程度上讲，这

样的人机混合群体也可以拥有意识能力。

当然，到那时也许人机混合群体产生的超级思维现象已经难以为我们人类个体思维所能把握。用美国科学家托马斯 •W. 马隆（Thomas W. Malone）的话讲："随着超级思维变得越来越大和越来越复杂，个体也越来越难以真正理解超级思维面临的问题及其做出的选择。"[225] 正如大脑中的单个神经元无法理解整个大脑的运行和结果，蚁群中单个蚂蚁无法真正理解蚁群的集体行为目的一样，作为人机混合群体超级思维中的一个成员个体，我们也无法理解整个群体超级思维的目标和最终去向。

所有上述的全新探索，显然都为未来开展混合智能研究拓展了广阔的天地。我们可以期待，随着心脑科学、机器智能和脑机接口研究的不断进步，会有更多的理论与方法应用到混合智能研究之中，推动混合智能的不断进步。但与此同时，也会产生一些全新的挑战，涉及许多哲学、伦理以及社会问题需要我们去思考和解决。

展望未来混合智能全新的领域，前景十分诱人。脑机融合的自然观将给智能科学技术带来一场崭新的革命。这场革命不但可以使传统的人工智能走出困境，而且还可以推动智能科学技术研究的新进程。我们相信，未来包含混合智能的智能科学技术研究（AI+IA+CI），一定会比以往做出更加丰富的成就。

# 注释及参考文献

## 序曲

1 ［美］丹尼尔·希利斯：《通灵芯片：计算机运作的简单原理》，崔良沂译，上海：上海科学技术出版社，1999 年。
2 ［美］侯世达：《哥德尔、艾舍尔、巴赫：集异璧之大成》，本书翻译组译，北京：商务印书馆，1997 年，第 754 页。
3 ［英］凯文·渥维克：《机器的征途：为什么机器人将统治世界》，李碧等译，呼和浩特：内蒙古人民出版社，1998 年。

## 第一章

4 ［英］R.L. 格列高里：《视觉心理学》，彭聃龄、杨旻译，北京：北京师范大学出版社，1986 年，第 206 页。

5 ［美］卡洛琳・M. 布鲁墨：《视觉原理》，张功钤译，北京：北京大学出版社，1987 年，第 1 页。

6 ［瑞士］皮亚杰：《结构主义》，倪连生、王琳译，北京：商务印书馆，1984 年，第 8 页。

7 ［美］库夫勒：《神经生物学：从神经元到大脑》，张人骥、潘其丽译，北京：北京大学出版社，1991 年，第 1、22 页。

8 ［美］欧文・洛克：《知觉之谜》，武夷山译，周先庚校，北京：科学技术文献出版社，1989 年，第 4 页。

9 ［英］R.L. 格列高里：《视觉心理学》，彭聃龄、杨旻译，北京：北京师范大学出版社，1986 年，第 5 页。

10 ［英］F. 克里克：《惊人的假说：灵魂的科学探索》，汪云九等译，长沙：湖南科学技术出版社，1998 年，第 36 页。

11 ［战国］吕不韦：《吕氏春秋》，上海：上海古籍出版社，1989 年，第 95 页。

12 谜底分别是 a．柱子背面有只小熊在爬柱；b．女跳水运动员正在垂直于画面向内跳时的姿势。

13 转引自［美］利伯特等《发展心理学》，刘范等译，北京：人民教育出版社，1983 年，第 176 页。

14 ［美］鲁道夫・阿恩海姆：《视觉思维》，滕守尧译，北京：光明日报出版社，1987 年，第 132 页。

## 第二章

15 ［法］雅克・德里达：《书写与差异》，张宁译，北京：生活・读书・新知三联书店，2001 年。

16 ［英］路易斯・加乐尔：《阿丽思漫游奇境记》（英汉对照 附：阿丽思漫游镜中世界），赵元任译，北京：商务印书馆，1988 年。

17 ［美］M. 盖尔曼：《夸克与美洲豹：简单性和复杂性的奇遇》，杨建邺等译，长沙：湖南科学技术出版社，1997 年，第 63 页。

18 ［宋］张载：《张子正蒙》，上海：上海古籍出版社，2000 年，第 131 页。

19 ［美］奥德姆：《生态学基础》，孙濡泳等译，北京：人民教育出版社，1981 年，第 4 页。

20 [英]L.H. 罗宾斯:《普通语言学概论》,李振麟、胡伟民译,上海:上海译文出版社,1986年,第85页。
21 [美]威廉·卡尔文:《大脑如何思维:智力演化的今昔》,杨雄里、梁培基译,上海:上海科学技术出版社,1996年,第60页。
22 朱德熙:《语法讲义》,北京:商务印书馆,1982年,第19页。
23 [英]杰弗里·N. 利奇,《语义学》,李瑞华等译,上海:上海外语教育出版社,1987年,第8页。
24 [美]威廉·卡尔文:《大脑如何思维:智力演化的今昔》,杨雄里、梁培基译,上海:上海科学技术出版社,1996年,第四章。
25 转引自吴英才、李裕德《现代汉语的歧义》,银川:宁夏人民出版社,1997年,第17页。
26 袁行霈:《中国诗歌艺术研究》,北京:北京大学出版社,1987年,第5-6页。
27 转引自谭永祥《汉语修辞美学》,北京:北京语言学院出版社,1992年,第11页。
28 J.Barwise and J.Perry,*Situation and Attitudes*. MIT Press,Cambridge Mass.1983.
29 吕叔湘,《歧义类例》,载[日]西槙光正编《语境研究论文集》,北京:北京语言学院出版社,1992年。
30 [美]埃里克·詹奇:《自组织的宇宙观》,曾国屏等译,北京:中国社会科学出版社,1992年,第198页。
31 [美]威廉·卡尔文:《大脑如何思维:智力演化的今昔》,杨雄里、梁培基译,上海:上海科学技术出版社,1996年,第35页。
32 [法]让-诺埃尔·卡普费雷:《谣言》,郑若麟、边芹译,上海:上海人民出版社,1991年,第43-44页。
33 [清]金圣叹:《水浒传》,载《金圣叹评点才子全集》第4卷,北京:光明日报出版社,1997年,第644页。
34 转引自金元浦《文学解释学》,沈阳:东北师范大学出版社,1997年,第322页。
35 [唐]刘知几:《史通通释》,[清]浦起龙释,上海:上海古籍出版社,1978年,第173页。
36 钱锺书:《围城》,北京:人民文学出版社,1980年,第214页。
37 [美]米歇尔·沃尔德罗普:《复杂:诞生于秩序与混沌边缘的科学》,陈玲译，北京：生活·读书·新知三联书店，1997 年，第 200 页。
38 ［美］埃里克·詹奇：《自组织的宇宙观》，曾国屏等译，北京：中国社会科学出版社，1992 年，第 87 页。
39 李幼蒸：《理论符号学导论》，北京：社会科学文献出版社，1999 年，第 344 页。
40 ［明］施耐庵、罗贯中：《水浒传》，北京：人民文学出版社，1975 年，第 1153 页。
41 ［美］威廉·卡尔文：《大脑如何思维：智力演化的今昔》，杨雄里、梁培基译，上海：上海科学技术出版社，1996 年，第 4 页。
42 ［宋］普济：《五灯会元》，北京：中华书局，1984 年，第 132 页。
43 ［明］吴承恩：《西游记》，［明］李贽评，济南：齐鲁书社，1991 年版，第 11 页。
44 ［战国］庄周：《庄子集解》，北京：中华书局，1981 年，第 448 页。
45 转引自［法］保罗·利科主编：《哲学主要趋向》，李幼蒸、徐奕春译，北京：商务印书馆，1988 年，第 360 页。
46 蓝吉富主编：《禅宗全书》，北京：北京图书馆出版社，2004年，第95册，第 343 页。
47 ［明］施耐庵、罗贯中：《水浒传》，北京：人民文学出版社，1975 年，第 715 页
48 转引自［法］保罗·利科主编：《哲学主要趋向》，李幼蒸、徐奕春译，北京：商务印书馆，1988 年，第 537 页。
49 ［瑞士］H. 奥特：《不可言说的言说》，林克、赵勇译，北京：生活·读书·新知三联书店，1994 年，第 36、112 页。
50 ［法］约翰-皮埃尔·卢米涅：《黑洞》，卢炬甫译，长沙：湖南科学技术出版社，1997 年，序。
51 ［法］约翰-皮埃尔·卢米涅：《黑洞》，卢炬甫译，长沙：湖南科学技术出版社，1997 年，第 135-136 页。
52 转引自［波兰］柯拉柯夫斯基：《宗教：如果没有上帝…》，杨德友译，北京：生活·读书·新知三联书店，1997 年，第 128 页。

## 第三章

53 ［美］休伯特·德雷福斯：《计算机不能做什么》，宁春岩译，马希文校，

北京：生活 • 读书 • 新知三联书店，1986 年，第 123 页。
54 Turing A.，“Digital Computers Applied to Games：Chess”，*Faster Than Thought*：*A Symposium on Digital Computing Machines*，Ed.by B.V.Bowden Pitman，London，1963，pp. 288-295.
55 [美] 侯世达:《哥德尔、艾舍尔、巴赫：集异璧之大成》，本书翻译组译，北京：商务印书馆，1997 年，第 198 页。
56 [美] 刘易斯 • 托马斯:《水母与蜗牛：一个生物学观察者的手记》，李绍明译，长沙：湖南科学技术出版社，1996 年，第 23 页。
57 [美] J. 丹西:《当代认识论导论》，周文彰、何包钢译，北京：中国人民大学出版社，1990 年，第 35 页。
58 [美] 丹尼尔 • 丹尼特:《直觉泵和其他思考工具》，冯文婧等译，杭州：浙江教育出版社，2018 年，第 20 页和第 21 页。
59 图 3.11 中的文字引自 [美] 埃利泽 • 斯滕伯格《神经的逻辑：谜样的人类行为和解谜的人脑机制》，高天羽译，桂林：广西师范大学出版社，2018 年，第 16 页。
60 [美] 丹尼尔 • 夏克特:《找寻逝去的自我：大脑、心灵和往事的记忆》，高申春译，长春：吉林人民出版社，1998 年，第 5 页。
61 [美] 丹尼尔 • 夏克特:《找寻逝去的自我：大脑、心灵和往事的记忆》，高申春译，长春：吉林人民出版社，1998 年，第 100 页。
62 这个报告援自 [英] W.I.B. 贝弗里奇《科学研究的艺术》，陈捷译，北京：科学出版社，1979 年，第 102 页。
63 [美] 丹尼尔 • 丹尼特:《直觉泵和其他思考工具》，冯文婧等译，杭州：浙江教育出版社，2018 年，第 26 页。
64 [美] M. 盖尔曼:《夸克与美洲豹：简单性和复杂性的奇遇》，杨建邺、李湘莲译，长沙：湖南科学技术出版社，1997 年，第 265-268 页。
65 [美] M. 盖尔曼:《夸克与美洲豹：简单性和复杂性的奇遇》，杨建邺、李湘莲译，长沙：湖南科学技术出版社，1997 年，第 266 页。
66 [德] 韦特海默:《创造性思维》，林宗基译，北京：教育科学出版社，1987 年，第 169 页。
67 [德] 韦特海默:《创造性思维》，林宗基译，北京：教育科学出版社，1987 年，第 53 页。
68 转引自张德绣《创造性思维的发展与教学》，长沙：湖南师范大学出版社，1990年，第118页。
69 钱伯城：《袁宏道集笺校》，上海：上海古籍出版社，1981年，第1570-1571页。
70 [德]韦特海默：《创造性思维》，林宗基译，北京：教育科学出版社，1987年，第45-48页。
71 [美]雷·库兹韦尔：《人工智能的未来：揭示人类思维的奥秘》，盛杨燕译，杭州：浙江人民出版社，2016年，第110页。
72 [美]雷·库兹韦尔：《人工智能的未来：揭示人类思维的奥秘》，盛杨燕译，杭州：浙江人民出版社，2016年，第105页。

## 第四章

73 Igor Aleksander，*Impossible Minds*：*My Neurons*，*My Consciousness*. London：Imperial College Press，1996.
74 [英]F. 克里克：《惊人的假说：灵魂的科学探索》，汪云九等译，长沙：湖南科学技术出版社，1998年，第3页。
75 [美]约翰·塞尔：《心、脑与科学》，杨音莱译，上海：上海译文出版社，1991年，第3页。
76 [英]路易斯·加乐尔：《阿丽思漫游奇境记》(英汉对照 附：阿丽思漫游镜中世界)，赵元任译，北京：商务印书馆，1988年。
77 [美]侯世达：《哥德尔、艾舍尔、巴赫：集异璧之大成》，本书翻译组译，北京：商务印书馆，1997年，第467页。
78 [美]威廉·卡尔文：《大脑如何思维：智力演化的今昔》，杨雄里、梁培基译，上海：上海科学技术出版社，1996年，第131页。
79 [英]苏珊·格林菲尔德：《大脑的故事》，黄瑛译，邵肖梅审校，上海：上海科学普及出版社，2004年，第176页。
80 [英]F. 克里克：《惊人的假说：灵魂的科学探索》，汪云九等译，长沙：湖南科学技术出版社，1998年，第12页。
81 洪兴科、毛彦军主编：《蚂蚁》，北京：中国农业科技出版社，1994年；张宇：《蚂蚁》，北京：人民文学出版社，2004年。
82 [美]刘易斯·托马斯：《细胞生命的礼赞：一个生物学观察者的手记》，李绍明译，长沙：湖南科学技术出版社，1992年，第47页。

83 ［美］埃里克・詹奇:《自组织的宇宙观》，曾国屏等译，北京：中国社会科学出版社，1992 年版，第 273 页。
84 ［美］理查・罗蒂:《哲学和自然之镜》，李幼蒸译，北京：生活・读书・新知三联书店，1987 年。
85 ［美］大卫・格里芬:《后现代科学：科学魅力的再现》，马季方译，北京：中央编译出版社，1996 年，第 199 页。
86 J.C.Eccles，*How the Self Controls It's Brain*. Berlin：Springer-Verlag，1994.
87 ［英］罗杰・彭罗斯:《皇帝新脑：有关电脑、人脑及物理定律》，许明贤、吴忠超译，长沙：湖南科学技术出版社，1994 年，第 26 页。
88 G.M.Edelman，*Neural Darwinism*. New York：Basic Books Company，1987.
89 ［美］威廉・卡尔文:《大脑如何思维——智力演化的今昔》，杨雄里、梁培基译，上海：上海科学技术出版社，1996 年，第 128 页。
90 图片引自［美］侯世达《哥德尔、艾舍尔、巴赫：集异璧之大成》，本书翻译组译，北京：商务印书馆，1997 年，第 402 页。
91 ［清］郭庆藩撰:《庄子集释》，北京：中华书局，1981 年，第 1102 页。
92 ［英］I.G. 吉尼斯:《心灵学：现代西方超心理学》，张燕云译，沈阳：辽宁人民出版社，1988 年，第 99-100 页。
93 ［美］刘易斯・托马斯:《水母与蜗牛：一个生物学观察者的手记》，李绍明译，长沙：湖南科学技术出版社，1996 年，第 59-63 页。
94 ［美］琳达・史密斯:《心身的交融》，陈胜秀译，北京：中国青年出版社，1998 年。
95 ［清］王先谦:《荀子集解》，北京：中华书局，1988 年，第 397 页。
96 杨伯峻:《列子集释》，北京：中华书局，1979 年，第 4-5 页。
97 ［美］埃利泽・斯滕伯格:《神经的逻辑：谜样的人类行为和解谜的人脑机制》，高天羽译，桂林：广西师范大学出版社，2018 年，第 83-84 页。
98 ［美］埃利泽・斯滕伯格:《神经的逻辑：谜样的人类行为和解谜的人脑机制》，高天羽译，桂林：广西师范大学出版社，2018 年，第 83 页。
99 ［美］埃利泽・斯滕伯格:《神经的逻辑：谜样的人类行为和解谜的人脑机制》，高天羽译，桂林：广西师范大学出版社，2018 年，第 78 页。
100 D.J. Chalmers，1996，*The Conscious Mind: In Search of a Fundamental*

*Theory.* New York：Oxford University Press.
101 ［美］丹尼尔·丹尼特：《直觉泵和其他思考工具》，冯文婧等译，杭州：浙江人民出版社，2019 年，第 301-302 页。
102 ［美］史蒂芬·平克：《心智探奇：人类心智的起源与进化》，郝耀伟译，杭州：浙江人民出版社，2016 年，第 147 页。
103 ［美］埃利泽·斯滕伯格：《神经的逻辑：谜样的人类行为和解谜的人脑机制》，高天羽译，桂林：广西师范大学出版社，2018 年，第 82 页。
104 ［美］埃利泽·斯滕伯格：《神经的逻辑：谜样的人类行为和解谜的人脑机制》，高天羽译，桂林：广西师范大学出版社，2018 年，第 118-119 页。
105 ［美］丹尼尔·丹尼特：《直觉泵和其他思考工具》，冯文婧等译，杭州：浙江人民出版社，2019 年，第 306-307 页。
106 ［美］丹尼尔·丹尼特：《直觉泵和其他思考工具》，冯文婧等译，杭州：浙江人民出版社，2019 年，第 308 页。
107 ［美］埃利泽·斯滕伯格：《神经的逻辑：谜样的人类行为和解谜的人脑机制》，高天羽译，桂林：广西师范大学出版社，2018 年，第 3 页。
108 希望了解这方面的专业性争论，可以参见：周昌乐：《机器意识：人工智能的终极挑战》第 5.2 节，北京：机械工业出版社，2021 年。
109 ［美］埃利泽·斯滕伯格：《神经的逻辑：谜样的人类行为和解谜的人脑机制》，高天羽译，桂林：广西师范大学出版社，2018 年，第 55 页。
110 ［美］史蒂芬·平克：《心智探奇：人类心智的起源与进化》，郝耀伟译，杭州：浙江人民出版社，2016 年，第 63 页。
111 ［美］史蒂芬·平克：《心智探奇：人类心智的起源与进化》，郝耀伟译，杭州：浙江人民出版社，2016 年，第 61 页。
112 ［日］牧野贤治：《机器人：探索它的历史和前景》，宋文译，北京：北京出版社，1981 年，第 170-172 页。
113 ［德］H. 哈肯：《信息与自组织》，郭治安等译，成都：四川教育出版社，1988 年版，第 28 页。
114 ［美］雷·库兹韦尔：《人工智能的未来：揭示人类思维的奥秘》，盛杨燕译，杭州：浙江人民出版社，2016 年，第 191 页。
115 ［美］雷·库兹韦尔：《人工智能的未来：揭示人类思维的奥秘》，盛杨燕译，杭州：浙江人民出版社，2016 年，第 193 页。

116 转引自［美］侯世达:《哥德尔、艾舍尔、巴赫：集异璧之大成》，本书翻译组译，北京：商务印书馆，1997 年，第 784 页。
117 ［美］休伯特·德雷福斯,《计算机不能做什么：人工智能的极限》，宁春岩译，马希文校，北京：生活·读书·新知三联书店，1986 年，第 117 页。
118 ［英］彭罗斯:《皇帝新脑：有关电脑、人脑及物理定律》，许明贤、吴忠超译，长沙：湖南科学技术出版社，1994 年，序言。
119 ［美］约翰·霍根:《科学的终结》，孙雍君等译，呼和浩特：远方出版社，1997 年，第 269 页。
120 孙慕天、［俄］采赫米斯特罗:《新整体论》，哈尔滨：黑龙江教育出版社，1996 年，第 143 页。
121 ［美］丹尼尔·丹尼特:《直觉泵和其他思考工具》，冯文婧等译，杭州：浙江人民出版社，2019 年，第 158 页。
122 ［美］丹尼尔·丹尼特:《直觉泵和其他思考工具》，冯文婧等译，杭州：浙江人民出版社，2019 年，第 181 页。
123 ［清］郭庆藩撰:《庄子集释》，北京：中华书局，1981年，第606–607页。
124 ［清］郭庆藩撰:《庄子集释》，北京：中华书局，1981 年，第 115 页。
125 ［美］威廉·卡尔文:《大脑如何思维：智力演化的今昔》，杨雄里、梁培基译，上海：上海科学技术出版社，1996 年，第 14 页。
126 ［英］玛格丽特·博登:《人工智能哲学》，刘西瑞、王汉琦译，上海：上海译文出版社，2001 年。
127 F.Jackson，1986，What Mary Didn’t Know. *The Journal of Philosophy*，83（5），pp. 291–295.
128 S.Shoemaker，1981，The Inverted Spectrum. *Journal of Philosophy*，74（7），pp. 357–381.
129 T.Nagel，1974，What Is it Like to Be a Bat ？ *The Philosophical Review*，83（4），pp. 435–450.
130 Kiverstein J.，2007，Could a Robot Have a Subjective Point of View ？ *Journal of Consciousness Studies*，14（7），pp. 127–139.
131 ［英］I.G. 吉尼斯,《心灵学：现代西方超心理学》，张燕云译，沈阳：辽宁人民出版社，1988 年，第 431 页。

## 第五章

132 ［德］海德格尔：《诗·语言·思》，彭富春译，戴晖校，北京：文化艺术出版社，1991 年，第 165 页。

133 ［汉］郑玄注，［唐］孔颖达疏：《礼记正义》，北京：北京大学出版社，1999 年，第 1429 页。

134《韦伯斯特新大学词典》（第三版）（*Webster's New College Dictionary Third Edition*），Houghton Mifflin Harcourt，2008 年。

135 ［明］施耐庵、罗贯中：《水浒传》，北京：人民文学出版社，1976 年，第 356-357 页。

136 ［明］凌濛初：《拍案惊奇》，上海：上海古籍出版社，1982 年，第 15-16 页。

137 黎翔凤：《管子校注》，北京：中华书局，2004 年，第 977 页。

138 易学钟和惠松生：《古老的树叶信》，《化石》，1981 年 03 期。

139 周昌乐：《抒情艺术的机器创作》，北京：科学出版社，2020 年。

140 ［明］罗贯中：《三国演义》，北京：人民文学出版社，1973 年第 3 版，第 728 页。

141 ［美］侯世达：《哥德尔、艾舍尔、巴赫：集异璧之大成》，本书翻译组译，北京：商务印书馆，1997 年。

142 ［美］西奥多·罗斯扎克：《信息崇拜：计算机神话与真正的思维艺术》，苗华健、陈体仁译，北京：中国对外翻译出版公司，1994 年，第 72 页。

143 周昌乐：《抒情艺术的机器创作》，北京：科学出版社，2020年，第121页。

144 ［美］侯世达：《哥德尔、艾舍尔、巴赫：集异璧之大成》，本书翻译组译，北京：商务印书馆，1997 年，第 827 页。

145 ［宋］绩藏主：《古尊宿语录》，北京：中华书局，1994 年，第 75 页。

146 吕武平、王亮、唐映红编：《深蓝终结者》，天津：天津人民出版社，1997 年，第 100-101 页。

147 转引自陆善采《实用汉语语义学》，北京：学林出版社，1993年，第72页。

148 ［日］忽滑谷快天：《中国禅学思想史》，朱谦之译，上海：上海古籍出版社，1994 年，第 97 页。

149 载香港《明报》，1986 年第 245 期。

150 朱谦之:《老子校释》, 北京: 中华书局, 1984 年, 第 9 页。
151 [清] 曹雪芹、高鹗:《红楼梦》, 北京: 人民文学出版社, 1982 年, 第 9 页。
152 [唐] 韩愈:《韩昌黎文集校注》, 马其昶校注, 上海: 上海古籍出版社, 1986 年, 第 18 页。
153 毛泽东:《中国革命战争的战略问题》,《毛泽东选集》第一卷, 北京: 人民出版社, 1966 年, 第 195 页。
154 骆小所:《现代修辞学》, 昆明: 云南人民出版社, 2000 年, 第 213 页。
155 戴厚英:《人啊, 人》, 北京: 人民文学出版社, 2007 年, 第 116 页。
156 转引自胡曙中《英汉修辞比较研究》, 上海: 上海外语教育出版社, 1993 年, 第 370 页。
157 [法] 保罗·利科:《解释学与人文科学》, 陶远华等译, 石家庄: 河北人民出版社, 1987 年, 第 175 页。
158 [法] 燕卜荪:《朦胧的七种类型》, 周邦宪等译, 黄新渠等校, 杭州: 中国美术学院出版社, 1996 年, 第 28-54 页。
159 骆小所:《现代修辞学》, 昆明: 云南人民出版社, 2000 年, 第 241 页。
160 [唐] 刘知几:《史通通释》, [清] 浦起龙释, 上海: 上海古籍出版社, 1978 年, 第 173 页。
161 转引自胡曙中《英汉修辞比较研究》, 上海: 上海外语教育出版社, 1993 年, 第 157 页。
162 [元] 陈绎曾:《文筌》, 载王永照,《历代文话》第二册, 上海: 复旦大学出版社, 2007 年。
163 蓝吉富主编:《禅宗全书》, 北京: 北京图书馆出版社, 2004 年, 第 48 册, 第 779-780 页。
164 [清] 金圣叹:《读第六才子书西厢记法》之十七, 载《金圣叹全集》第 2 卷, 成都: 巴蜀书社, 1997 年, 第 344 页。
165 陈望道:《修辞学发凡》, 上海: 上海人民出版社, 1976 年, 第 4 页。
166 [汉] 毛亨传, [汉] 郑玄注, [唐] 孔颖达疏:《毛诗正义》, 北京: 北京大学出版社, 1999 年, 第 6 页。
167 吴思敬:《心理诗学》, 北京: 首都师范大学出版社, 1996 年, 第 82-83 页。
168 转引自胡经之主编《中国古典文艺学丛编》(一), 北京: 北京大学出版社，2001 年，第 270 页。
169 蓝吉富主编:《禅宗全书》，北京：北京图书馆出版社，2004 年，第 48 册，第 779-780 页。
170 谭永祥:《汉语修辞美学》，北京：北京语言学院出版社，1992 年，第 405 页。
171 胡曙中:《英汉修辞比较研究》，上海：上海外语教育出版社，1993 年，第 2 页。
172 转引自张德厚编《中国现代诗歌史论》，长春：吉林教育出版社，1995 年，第 379 页。
173 王秉钦:《文化翻译学》，天津：南开大学出版社，1995 年，第 43 页。
174 ［日］西槙光正:《语境研究论文集》，北京：北京语言学院出版社，1992 年，前言，第 1 页。
175 黄朱伦等:《研读版圣经》，香港：环球圣经公会有限公司，2009 年，创世纪第 11 章。
176 英国湖畔派诗人华兹华斯（W.Wordsworth）的 The Daffodils 一诗，引自孙梁编选,《英美名诗一百首》，香港：商务印书馆，1987 年，第 134 页。
177 ［美］普特南:《理性、真理与历史》，童世骏、李光程译，上海：上海译文出版社，1997 年，第 16 页。

## 第六章

178 K.Gödel，Über Formal Unentscheidbare Sätze der Principia Mathematica und Verwandter Systeme，I. *Monatshefte für Math*. Und Phys.1931，pp. 173-189.
179 A.Turing，On Computable Numbers with an Application to the Entscheidungs Problem. *London Mathematical Society*. 1936，pp. 230-265.
180 ［美］玻姆:《量子理论》，侯德彭译，北京：商务印书馆，1982 年，第 118 页。
181 转引自［苏］列・谢・维戈茨基:《艺术心理学》，周新译，上海：上海文艺出版社，1985 年，第 93 页。
182 刘文典:《淮南鸿烈集解》，北京：中华书局，1989 年，第 531 页。

183 ［德］康德:《纯粹理性批判》，蓝公武译，北京：商务印书馆，1993年，第二章第二节，第327-350页。
184 ［美］伯努瓦·B. 曼德布罗特:《大自然的分形几何学》，陈守吉、凌复华译，上海：远东出版社，1998年版。
185 引自［美］詹姆斯·格莱克:《混沌：开创新科学》，张淑誉译，上海：上海译文出版社，1990年，第253页。
186 图片引自［美］侯世达《哥德尔、艾舍尔、巴赫：集异璧之大成》，本书翻译组译，北京：商务印书馆，1997年，第94页。
187 引自［美］侯世达《哥德尔、艾舍尔、巴赫：集异璧之大成》，本书翻译组译，北京：商务印书馆，1997年，第912页。
188 ［清］郭庆藩:《庄子集释》，北京：中华书局，1981年，第97页。
189 ［宋］普济:《五灯会元》，苏渊雷点校，中华书局，1984年，第1135页。
190 ［宋］赜藏主:《古尊宿语录》，中华书局，1994年，第654页。
191 ［瑞士］H. 奥特:《不可言说的言说》，林克、赵勇 译，生活·读书·新知三联书店，1994年，第36-37页。
192 ［宋］普济:《五灯会元》，苏渊雷点校，中华书局，1984年，第258页。
193 ［俄］M. 巴赫金:《巴赫金文论选》，佟景韩译，北京：中国社会科学出版社，1996年，第3-8页。
194 ［奥］安东·埃伦茨维希:《艺术视听觉心理分析：无意识知觉理论引论》，肖聿等译，北京：中国人民大学出版社，1989年，第54页。
195 Hofstadter D.R.，*Gödel，Escher，Bach：an Eternal Golden Braid*（Preface to the Twentieth-anniversary Edition），New York：Basic Books，Inc.，1999，p. 202.
196 ［俄］M. 巴赫金:《巴赫金文论选》，佟景韩译，北京：中国社会科学出版社，1996年，第73页。
197 ［汉］郑玄注，［唐］孔颖达疏:《礼记正义》，北京：北京大学出版社，1999年，第1077页。
198 ［美］乔治·桑塔耶纳:《美感：美学大纲》，缪灵珠译，北京：中国社会科学出版社，1982年，第32页。
199 ［美］约翰斯顿:《情感之源：关于人类情绪的科学》，翁思琪等译，上海：上海科学技术出版社，2002年，第199页。
200 ［美］约翰斯顿:《情感之源：关于人类情绪的科学》，翁思琪等译，上海：上海科学技术出版社，2002 年，第 68 页。
201 ［美］约翰斯顿：《情感之源：关于人类情绪的科学》，翁思琪等译，上海：上海科学技术出版社，2002 年，第 197 页。
202 Picard R. W.，*Affective Computing*.Cambridge：The MIT Press，1997.
203 Cotterill R.，CyberChild：A Simulation Test-bed for Consciousness Studies. *Journal of Consciousness Studies*，2003，10（4-5），pp. 31-45.
204 ［清］王先谦：《荀子集解》，北京：中华书局，1988 年，第 428 页。
205 宗白华：《艺境》，北京：北京大学出版社，1997 年，第 131 页。
206 ［法］雅克・马利坦：《艺术与诗中的创造性直觉》，刘有元等译，北京：生活・读书・新知三联书店，1991 年，第 97 页、第 216-217、272 页。
207 ［挪威］让-罗尔・布约克沃尔德：《本能的缪斯》，王毅等译，上海：上海人民出版社，1997 年，第 274 页。
208 ［德］福尔克・阿尔茨特、伊曼努尔・比尔梅林：《动物有意识吗？》，马怀琪等译，北京：北京理工大学出版社，2004 年，第 154 页。
209 转引自 R.W.Picard，*Affective Computing*.Cambridge：The MIT Press，1997，p.274。
210 ［宋］欧阳修：《欧阳修诗选》，合肥：安徽人民出版社，1982 年。
211 转引自杨大年编著《中国历代画论采英》，郑州：河南人民出版社，1984 年，第 74 页。
212 转引自杨大年编著《中国历代画论采英》，郑州：河南人民出版社，1984 年，第 93 页。
213 转引自曾铎《中国诗学：历代经典诗词曲鉴赏》，北京：百花洲文艺出版社，2003 年，第 634 页。
214 转引自袁行霈《中国诗歌艺术研究》，北京：北京大学出版社，1987 年，第 14 页。
215 钱伯城：《袁宏道集笺校》，上海：上海古籍出版社，1981年，第463页。
216 ［美］托马斯・E. 希尔：《现代知识论》，刘大椿等译，北京：中国人民大学出版社，1989 年，第 14 页。
217 Searle J.R.，1980，Minds，Brains and Programs. *Behavioral and Brain Sciences*，3（3），pp. 417-457.
218 周昌乐：《重新发现图灵测验的意义》，《博学切问》，厦门大学出版社，

2015 年，第 124–127 页。
219 ［美］史蒂芬 • 平克：《心智探奇：人类心智的起源与进化》，郝耀伟译，杭州：浙江人民出版社，2016 年，第 5 页。

## 尾声

220 ［魏］何晏注，［宋］邢昺疏：《论语注疏》，北京：北京大学出版社，1999 年，第 241 页。
221 ［美］约翰 • 马尔科夫：《人工智能简史》，郭雪译，杭州：浙江人民出版社，2017 年，第 18–19 页。
222 ［美］托马斯 • W. 马隆：《超级思维：人类与计算机一起思考的惊人力量》，任烨译，北京：中信出版集团，2019 年。
223 周昌乐：《未来智能科学：机器与大脑的互惠》，《智慧中国》，2016 年第 4 期，第 62–63 页。
224 ［美］史蒂芬 • 平克：《心智探奇：人类心智的起源与进化》，郝耀伟译，杭州：浙江人民出版社，2016 年，第 148 页。
225 ［美］托马斯 • W. 马隆：《超级思维：人类与计算机一起思考的惊人力量》，任烨译，北京：中信出版集团，2019 年，第 281 页。

## 后记

226 周昌乐：《无心的机器》，长沙：湖南科学技术出版社，2000 年。
227 黄华新、项后军：《人工智能的哲学反思——兼评〈无心的机器〉》，《绍兴文理学报》，2001 年，第 21 卷，第 2 期，第 139–141 页。
228 唐孝威：《“无心机器”的心智》，《科学》，2001 年，第 53 卷，第 6 期，第 60–61 页。
229 常杰：《无心的机器》，《博览群书》，2000 年第 12 期，第 61–62 页。
230 分别参见《意义的转绎：汉语隐喻的计算释义》（北京：东方出版社，2009 年）、《抒情艺术的机器创作》（北京：科学出版社，2020 年）和《机器意识：人工智能的终极挑战》（北京：机械工业出版社，2021 年）。
231 分别参见《禅悟的实证：禅宗思想的科学发凡》（北京：东方出版社，2006 年版）、《明道显性：沟通文理讲记》（厦门：厦门大学出版社，2016 年）和《含弘光大：易道科学诠释》（厦门：厦门大学出版社，

2024 年）。

232 在图后 .1 中《手写汉字的机器识别》（北京：科学出版社，1997 年），《意义的转绎》完整书名为《意义的转绎：汉语隐喻的计算释义》（北京：东方出版社，2009 年），《中医辨证的机器推演》（北京：科学出版社，2009 年），《古琴艺术的机器演绎》（北京：科学出版社，2013 年），《抒情艺术的机器创作》（北京：科学出版社，2020 年）以及《机器意识》完整书名为《机器意识：人工智能的终极挑战》（北京：机械工业出版社，2021 年）

233 转引自［法］约翰–皮埃尔·卢米涅《黑洞》，卢炬甫译，长沙：湖南科学技术出版社，1997 年，序。

# 后　记

二十四年前，我出版过一部科普读物《无心的机器》[226]。出版伊始，就引起了学术界和社会的关注，除了中央电视台在《读书时间》栏目、《钱江晚报》、《浙江青年报》等做了介绍外，还有三篇书评，对该书都给予了高度评价。

黄华新教授等人在文章中指出："（对人工智能的哲学反思）在《无心的机器》一书中，他（指该书作者）以丰富翔实、深入浅出的笔法为我们描述了人工智能的历史发展、科学基础和哲学争论，涉及心脑的神经生物学、计算机技术、逻辑、语言、视觉机制、诗学和禅学等众多的学科。作者纵横捭阖，举重若轻，其间穿插大量的精妙引语和精彩插图，和正文相得益彰、异彩纷呈，把如此深奥和艰涩的论题处理得如此透彻和轻松明朗，确实是一本融科学性、知识性、哲理性于一体的上乘佳作，读来给人以回味和启发。”[227]

我国著名科学家唐孝威院士在《“无心机器”的心智》一文中对该书做了极高的赞誉，认为：“《无心的机器》是由工作在人工智能领域的专家撰写的一部原创性科普作品。……融古今中外的科学、艺术、宗教等各类知识于一体，这对于一部科普作品是难能可贵的。作者若没有丰富的实践经验和人文修养，很难做到如此广博。”“细读《无心的机器》全书，很多部分都涉及科学研究的前沿，……极富启发性和趣味性。”[228]

生命科学界的常杰教授则从生物学的角度对《无心的机器》一书进行了评述，指出：“平时我们看惯了科普书封面上外国人的名字，由中国作者写的高质量的科普书还不多。《无心的机器》的出版是一件很好的事情。……书中内容涉及视觉思维、智力游戏、语言理解、逻辑、言说、诗词、艺术、佛学、禅、神经网络、人工智能、脑科学等内容。学科遍及文、理、工、艺术、宗教，事例取自古今中外。……虽说本书要写的是‘无心的机器’，但处处是以‘有心的机器’的行为和能力反衬出来。”[229]

《无心的机器》一书是我学术思想的起点，后来我主要的核心著述，无论是智能科学所涉及隐喻理解、艺术创作和机器意识等方面[230]，还是国故新知所涉及禅悟实证、明道显性和易道诠释等方面[231]，涉及领域尽管五花八门，其学术思想都可以在这部读物中找到渊源。

岁月如梭，一转眼二十四年过去了。考虑到二十四年来智能科学与技术研究的新发展，以及当初出版的这部读物中文字错误较多，于是决定在原有的基础上加以重写，便形成了目前这部《将“芯”比心：“机”智过人了吗？》全新读物。

迄今为止，我在智能科学与技术学科领域开展了众多的研究工作，主要撰写的学术著述如图后.1所示。但是这些著作太过专业，并不适合普通民众阅读。所以说，《将“芯”比心：“机”智过人了吗？》这部科普读物的出版，无疑弥补了我专注于学术研究的不足，使得普通民众也能够了解智能科学所关心的问题以及存在的困难。

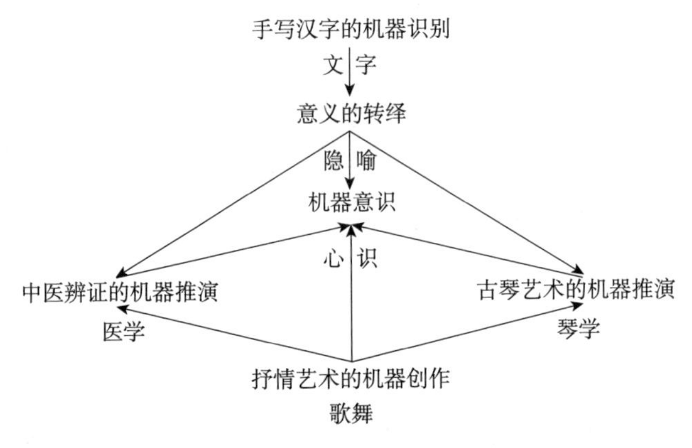


图后.1 智能领域著述体系[232]

法国作家翁贝托·埃科（Umberto Eco）在《玫瑰之名》一书中说过：“书写出来不是要使人相信的，而是要让人探究的。我们看一本书时要问自己的，不是它说了些什么，而是它意味着什么。”[233]我想倘若我的这部读物能给读者留下一点值得思考的东西，我也就心满意足了。

顺便声明，我的专业是理论计算机科学并主要从事智能科学领域的研究。但由于受我导师马希文先生的影响以及研究工作的需要，我几乎成了一位“杂家”。除了原本所学的学科专业之外，我涉及的心智、语言、逻辑、艺术、宗教和科学等众多领域的知识，多少在这部读物里都有一些反映。这里需要强调的是，由于这些都是从我外行的角度来理解，一知半解是难免的。因此，若有不妥或错误之处，敬请读者批评指正。

最后，怀着真诚的敬意，我要感谢书中被引用的书籍和图片的作者、译者们，感谢出版社为促成本书的出版所付出的努力。当然，我还要感谢读者自始至终耐心通读了全书，书写出来有人读、有人喜爱读，总是一种欣慰！

作者写于寓所书斋

2024 年 1 月 31 日